Die Computermaler

IT visualisieren – ganz spontan

Tim Themann

http://die-computermaler.de

Im Blog zum Buch finden sich neben einigen Downloads und zusätzlichen Inhalten alle Literaturhinweise und vor allem alle erwähnten Links zum einfachen Anklicken ohne Abtippen.

Tim Themann: Die Computermaler.

Druck und Einband: Amazon Distribution GmbH, Leipzig
Printed in Germany

Bibliografische Information der Deutschen Nationalbibliothek:
Die Deutsche Nationalbibliothek verzeichnet diese Publikation in der Deutschen Nationalbibliografie; detaillierte bibliografische Daten sind im Internet über <http://dnb.d-nb.de> abrufbar.

ISBN-13: ***978-1479240975***
ISBN-10: ***1479240974***

Inhalt

1 Vorwort....1

2 Einleitung....5

3 Anwendungszwecke....9

4 Werkzeuge....15
- 4.1 Zu Beschreibendes....15
  - 4.1.1 Whiteboard....17
  - 4.1.2 Digitale Whiteboards....21
  - 4.1.3 Flipchart....26
  - 4.1.4 Mobile Flipcharts....28
  - 4.1.5 Moderationskarten....30
  - 4.1.6 Moderationswände....32
  - 4.1.7 Haftnotizen....33
- 4.2 Schreibendes....35
- 4.3 Anderes....39
- 4.4 Ein mobiler Werkzeugkasten 41

5 Elemente....45
- 5.1 Bildsprache....45
  - 5.1.1 Wörter einer Bildsprache....49
  - 5.1.2 Verbindungen....73
- 5.2 Farbe....76
- 5.3 Schrift....82
  - 5.3.1 Stift und Stifthaltung....83
  - 5.3.2 Schriftbild....87
  - 5.3.3 Abkürzungen und Akronyme....90

6 Zeichnen....93
- 6.1 Inhalt....93
- 6.2 Bühne und Publikum....94
- 6.3 Dramaturgie....97
- 6.4 Alles hat Bedeutung....98
- 6.5 Muster....99
- 6.6 Blattaufteilung....101

7 Dokumentieren....107
- 7.1 Fotografieren....107

7.2 Bildaufbereitung.......................................111
7.3 Fotoprotokolle..112

8 Ausblick...117

A Danksagung..119

B Stichwortverzeichnis....................................121

1 Vorwort

Dieses Buch wurde aus Spaß begonnen. Glücklicherweise ist der Plan aufgegangen: Es hat sehr viel Spaß gemacht, es zu schreiben[1].

Es gibt unzählige Bücher über das Visualisieren an Flipchart und Whiteboard – warum also eine weitere Monographie zu diesem auf den ersten Blick mehr als hinreichend behandelten Thema?

Fast alles, was über dieses Thema geschrieben (und nicht zuletzt gezeichnet) wurde, richtet sich an Pädagogen[2], Trainer, Organisationsentwickler und -berater – kurz: an nicht-technische Berufsgruppen. Stil und auch Inhalt dieser Bücher sind für die Arbeit eher technisch orientierter Menschen bestenfalls wenig hilfreich und wirken womöglich sogar abschreckend: Es „riecht" einfach zu sehr nach übertriebenem „Menscheln" in „gruppendynamischen Stuhlkreisen", nach schlechten Erfahrungen z.B. in dem einen oder anderen mehr oder minder gruppendynamischen Workshop oder Rhetorik-Training.

Zielgruppe dieses Werkes ist ein jeder, der sich professionell mit Informationstechnik beschäftigt und darüber mit anderen, womöglich Fachfremden kom-

---

1 Besonders viel Spaß haben die Fußnoten gemacht. Dorthin sind neben den (oft auch als ausdrückliche Literaturempfehlung gemeinten) Quellenangaben alle abseitigen Gedankengänge verbannt.

2 Im Interesse einer besseren Lesbarkeit wird im Folgenden auf die gleichzeitige Verwendung männlicher und weiblicher Sprachformen verzichtet und ausschließlich die (in Anbetracht des leider sehr unausgeglichenen Geschlechterverhältnisses in der IT-Branche naheliegende) männliche Form verwendet. Sofern nicht explizit anders gekennzeichnet, erstrecken sich alle Ausführungen natürlich dennoch auf beide Geschlechter.

munizieren muss – ob extern beim Kunden oder in der internen IT einer Organisation, die sich zunehmend als die Anwender beziehungsweise die Fachabteilungen *beratend* versteht. Fokus der Visualisierungen sind technische IT-Infrastrukturen. Die Themen, mit denen sich diese Zielgruppe befasst, sind völlig andere als z.B. in der Pädagogik oder der Organisationsentwicklung – dementsprechend ergeben sich beim Visualisieren dieser Themen auch völlig andere Fragen und Problemstellungen. Es geht um völlig andere bildhafte Metaphern, um eine andere „Bildsprache". Weitere Fragen ergeben sich aus der Arbeitssituation: Es wird nicht im dafür gut ausgestatteten Klassen- oder Schulungsraum, sondern in oftmals karg ausgestatteten Besprechungsräumen oder gar „normalen" Büros visualisiert – wie improvisiert man das am besten? Das Publikum ist unter Umständen zwar an Visualisierungen gewöhnt, erwartet aber, dass diese von einem Projektor an die Leinwand geworfen werden. Wann aber ist es sinnvoll, dieser Erwartungshaltung eben nicht zu entsprechen und aus dem Stegreif zu visualisieren? Antworten auf diese und viele weitere Fragen zu geben und zudem noch die für das Visualisieren selbst relevanten Grundlagen zu vermitteln, die sonst nur in oben erwähnten, vielleicht „abschreckenden" Büchern zu finden sind, ist Ziel dieses Buchs – und ein guter Grund, eine weitere Monographie zum Thema Visualisierung zu verfassen.

Eine ein wenig überraschende, erstaunlich große Schwierigkeit, auf die ich beim Schreiben gestoßen bin, ist es, irgendwann damit aufzuhören – die inhaltliche Arbeit abzuschließen und sich an die tatsächliche Fertigstellung des Buchs[3] zu machen. Um

3 Ich fürchte, man sieht es diesem Buch an: Ich habe es komplett selbst gestaltet – auch das hat Spaß gemacht.

mir den Abschied vom Schreiben ein wenig leichter zu machen, ist unter http://die-computermaler.de quasi als „geistiger Überlauf" das Blog zum Buch entstanden. Neben einigen Downloads und allen Links und Literaturhinweisen aus diesem Buch findet sich dort alles, was – aus welchen Gründen auch immer – im Buch keinen Platz mehr gefunden hat.

Dieses Buch wurde aus Spaß geschrieben – das heißt jedoch keineswegs, dass es nicht höchst erfreulich wäre, falls es so etwas wie eine *Wirkung* hätte. Für Bücher gilt wie für alle sich an einen potentiell großen Adressatenkreis richtenden Medien mit Sicherheit Weinbergs „Gesetz der Himbeer-Marmelade": „Je mehr man sie verteilt, desto dünner wird die Schicht"[4]. Ein Buch für *viele* Leser zeigt einfach weniger Wirkung als z.B. ein Training für *wenige* Teilnehmer. Gerade bei einem eher praktischen Thema wie der Visualisierung erscheint es schwierig, durch ein Buch wirklich auf ein breiteres Publikum zu *wirken*. Es würde mich sehr freuen, wenn die „Schicht" nicht zu „dünn" geworden wäre, wenn dieses Buch Wirkung hätte – und Sie beim Lesen ganz nebenbei ebenso viel Spaß haben wie ich beim Schreiben.

Groß Wittensee, im Juli 2012

---

4 Weinberg, Gerald M.: Das Gesetz der Himbeer-Marmelade. 103 Geheimnisse der Beratung. Frankfurt/Wien: Redline Wirtschaft bei Ueberreuter 2003. S. 29. Ein Werk, das nach Meinung des Verfassers einen festen Platz im Regal eines jeden Beraters haben sollte.

2 Einleitung

An dieser Stelle wäre es normalerweise üblich, sich in einer sprachlich mehr oder minder ausschweifenden, sich zu den Gipfeln maximaler Abstraktion aufschwingenden Vorrede der prinzipiellen Berechtigung und Notwendigkeit der graphischen Visualisierung von Sachverhalten gerade in der IT zu widmen. Vor dem Hintergrund der Verbreitung von Microsoft PowerPoint[5] und Visio und den vielen Millionen Präsentationen und Diagrammen, die in genau diesem Moment auf dieser Welt erstellt werden, erscheint dies überflüssig: Die grundsätzliche Sinnhaftigkeit von Visualisierungen ist offenbar unstrittig.

Denjenigen Lesern, die genau wissen, was sie warum visualisieren möchten oder die den theoretischen Überbau über dieses ja prinzipiell sehr praktische Thema gern überspringen möchten, sei an dieser Stelle geraten, mit Kapitel 4 (S. 15) direkt in den Hauptteil dieses Buchs einzusteigen.

Unstrittig ist also die grundsätzliche Berechtigung von Visualisierungen. Strittig hingegen dürfte sein, ob und unter welchen Bedingungen es sinnvoll ist, auf Softwareunterstützung zu verzichten und trotzdem zu visualisieren: Auf den ersten Blick wirkt es verwunderlich, wenn z.B. ein ja als d e r Prototyp des Powerpoint-Nutzers geltender IT-Berater zu Flipchart und Stiften greift – ist das nicht ein Ana-

5 Zu Geschichte und Wirkung von PowerPoint und anderen Visualisierungswerkzeugen siehe Coy, Wolfgang (Hrsg.) und Pias, Claus (Hrsg.): Powerpoint: Macht und Einfluss eines Präsentationsprogramms, Frankfurt am Main: Fischer Taschenbuch Verlag GmbH 2009. Dieses Werk sei einem jeden, der sich kritisch mit den inzwischen übermäßig verbreiteten „Folien-Schlachten“ auseinandersetzen möchte, wärmstens ans Herz gelegt.

chronismus, fast schon ein Atavismus, quasi auf dem technologischen Niveau von Kreide und Schultafel? Wäre Microsoft PowerPoint, wäre eine geschliffene Folienpräsentation nicht Image und Branche angemessener? War der Berater womöglich zu faul, eine angemessene Präsentation vorzubereiten?

Faule Berater, die eben aufgrund ihrer Faulheit keine Präsentation vorbereiten, dürften selten sein – entstehen doch die meisten Präsentationen ohnehin quasi durch „geistiges Wiederkäuen" von und aus Vorhandenem. Berater, die erkennen, dass sie eben nicht alle Antworten auf alle Fragen bereits vorher kennen und deswegen nicht alles bereits als Präsentation vorbereitet haben können, sind jedoch ebenso selten.

Eine vorbereitete Präsentation hat ihre Berechtigung – dann und genau dann, wenn ich Fragen und Antworten kenne oder situationsbedingt vorgeben muss: In Trainings und Schulungen, bei Produktpräsentationen vor großem Publikum, auf Fachkongressen – kurz: in allen Situationen, in denen der Schwerpunkt auf einer relativ frontalen Form der (Wissens-)Vermittlung liegt. In Situationen, in denen ein dynamischer Prozess von wechselseitiger Frage und Antwort und gemeinsamer Synthese im Vordergrund steht, versagt jede Präsentation „aus der Konserve" und es ist Spontaneität gefragt. Spontaneität setzt einfache, intuitiv nutzbare Werkzeuge voraus – z.B. Flipchart und Stifte.

Die Vorgänger von PowerPoint – z.B. der schon fast in Vergessenheit geratene Overhead-Projektor – haben in deutschen Schulen die klassische Schultafel nie vollständig abgelöst. Vorbereitete Folien auf dem Overhead-Projektor fanden für vieles Verwendung, was sich vorbereiten ließ. Die Schultafel oder ein Overhead-Projektor mit Stiften[6] wurden weiterhin benutzt – für alles, was nicht vorzubereiten war oder was in einem längeren Prozess gemeinsam entwickelt wurde (z.B. längere Berechnungen im Mathematik- oder Physik-Unterricht). „Auf den Lehrer zu hören" ist zwar unüblich, aber oft sinnvoll: Pädagogen sind diejenigen, die sich am ehesten strukturierte Gedanken über Wissensvermittlung machen; an den Erkenntnissen der angewandten Pädagogik zum sinnvollen Medieneinsatz zu partizipieren, kann die Arbeit jedes Wissen Vermittelnden verbessern.

Das Ziel einer Stegreifvisualisierung ist es, das Verständnis des Zuhörers und -schauers zu steigern oder gar erst zu ermöglichen. Dafür ist es nicht notwendig, zeichnerisch begabt oder gar ein großer Künstler[7] zu sein. Hilfreich ist hier vielleicht der Vergleich mit Instruktionstexten (lies: Gebrauchsanleitungen): Es gibt keinerlei Anhaltspunkte dafür, dass Heinrich von Kleist[8] – ohne Zweifel ein wahrer Virtuose der deutschen Sprache – ein begnadeter Autor von Waschmaschinenbetriebsanleitungen gewesen wäre. Von den Autoren eben dieser Anleitungen hingegen erwartet eben auch niemand die sprachliche Eleganz eines Kleist – erwartet werden vor allem Klarheit und Verständlichkeit[9]. Auf der anderen Sei-

6 Stifte und leere Folien oder gar vor- und zurückspulbare Folienrollen erlaubten die Verwendung des Overhead-Projektors für spontane Visualisierungen – PowerPoint ist also keineswegs ein funktional vollständiger Nachfolger.

7 Im Gegenteil: Die Werke vieler bildenden Künstler erscheinen dem uneingeweihten Laien eher unverständlich.

8 *1777 †1811.

9 Zur Verständlichkeit von Instruktionstexten – ein Thema, das ebenfalls in der IT-Branche mitunter unangemessen wenig Beachtung findet – siehe Langer, Inghard; Schulz von Thun, Friedemann; Tausch, Reinhard: Sich verständ-

te reicht die sprachliche Qualität einer automatisierten Übersetzung z.B. aus einer fernöstlichen Sprache in aller Regel eben auch nicht aus, um beim Leser Verständnis zu erzielen: Ein Minimum an Qualität ist für Verständnis und Klarheit unabdingbar[10] – und durch jeden erreichbar. Um mit Friedemann Schultz von Thun zu sprechen: „Auch Sie können aus dem Stegreif visualisieren!“[11] – und das, ohne mit Ihrem Publikum „Montagsmaler“[12] zu spielen.

---

lich ausdrücken. 9. Aufl. München: Ernst Reinhardt Verlag 2011.

10 An eben diesem pragmatischen Minimum orientieren sich die Visualisierungen in diesem Buch.

11 Schultz von Thun, Friedemann: Auch Sie können aus dem Stegreif visualisieren!. In: Pädagogik 10 (1994). S. 11-14.

12 „Die Montagsmaler“ – Schnellratesendung des deutschen Fernsehens (1974–1996), bei der mit einem Lichtgriffel visualisierte Begriffe geraten werden mussten. „Die Montagsmaler“ standen Pate für den Titel dieses Buchs.

3 Anwendungszwecke

Beschäftigt man sich genauer mit den Anwendungszwecken von Stegreifvisualisierungen, scheint es zwei Hauptgründe für den Stegreifcharakter und damit für den berechtigten Einsatz dieser Methode zu geben: Spontaneität im *Inhalt* (es ist noch nicht klar, was Gegenstand des Gesprächs ist - geschweige denn, was am Ende dabei herauskommt) und Spontaneität im *Verlauf* (die Gesprächsstruktur ist dynamisch) - oftmals ergibt sich das eine aus dem anderen. Eines von beiden sollte jedoch mindestens gegeben sein - andernfalls wäre eine vorbereitete Präsentation vermutlich das geeignetere Medium.

Das Finden von Anwendungsfeldern für spontane oder auch geplante Visualisierungen innerhalb des eigenen persönlichen Arbeitsfeldes erfolgt oft spontan und ergibt sich fast „von allein" - praktischerweise ist ja kaum relevante Vorbereitung vonnöten, findet sich ein Anwendungsfeld, kann eben „ganz spontan" reagiert werden.

Von Spontaneität geprägt sein sollte beispielsweise jede Lösungsentwicklung *in* der Gruppe oder als Berater gemeinsam *mit* der Gruppe. Findet ein kontinuierlicher Informationsaustausch statt (der Berater erhält Informationen vom Klienten, der Klient wiederum erhält aber auch zumeist technische Informationen vom Berater), verläuft der Prozess der Lösungsentwicklung oft *iterativ*. Aufgenommene Informationen des Klienten ebenso zu visualisieren wie die Dinge, die dem Klienten erklärt werden, kann diesen Prozess deutlich vereinfachen und strukturieren. Das gilt für die Konzeption von IT-Systemen ebenso wie für die Projektplanung oder das (eher technische) Verkaufsgespräch. Gerade in letzterem

Kontext werden Visualisierungen im Gegensatz zu vorbereiteten Präsentationen gern als „glaubwürdiger" angesehen. Es erscheint tatsächlich naheliegend, dass der „aus dem Stegreif" arbeitende Präsentierende auf die Zuschauer allein schon aufgrund der Spontaneität souveräner und kompetenter wirkt als der „Vorführer" vorgefertigter Präsentationen.

Spontaneität kann auch spontan erforderlich werden: Zwischenfragen in einer vorbereiteten Präsentation sind oft nicht mit den vorhandenen Folien sinnvoll abdeckbar[13]. In einer solchen Situation das Medium zu wechseln und *ergänzend* (oder – je nach Verlauf – auch über einen längeren Zeitraum der Präsentation *ersetzend)* mit dem Flipchart zu arbeiten, kann hilfreich sein und hat schon so manche Präsentation gerettet. Stellt sich im Verlauf der Präsentation gar heraus, dass die vorbereiteten Folien dem Publikum doch nicht angemessen sind, kann der Wechsel zum Flipchart manchmal die zweite Chance sein, trotz einer am Thema oder am Publikum vorbei vorbereiteten Präsentation kompetent zu erscheinen und inhaltlich wirksam zu sein.

Neben der eine (Gruppen-)Gesprächssituation strukturierenden und der präsentierend-vermittelnden Anwendung existiert noch ein weiteres, oft vergessenes Anwendungsfeld: Das *visuell unterstützte Denken*. Zu beachten ist, dass hier nicht die Rede ist von einem „visuellen Denken" („visual thinking")[14] einer einzelnen Person oder eines Vortragenden im Sinne einer speziellen „Methode" – es geht vielmehr um

---

13 Gäbe es in der Präsentation an der richtigen Stelle eine gute Folie zu der Zwischenfrage, wäre sie vermutlich nicht gestellt worden.

14 Vgl. <http://www.danroam.com> und Roam, Dan: The back of the Napkin. New York: Portfolio 2008.

eine *Ergänzung* des „normalen" Denkvorgangs. Es gilt, Heinrich von Kleists berühmte Idee der „allmählichen Verfertigung der Gedanken beim Reden"[15] um eine visuelle Komponente zu erweitern. Kleists Empfehlung, die Lösung eines Problems nicht in der „Meditation" zu suchen, sondern „mit dem nächsten Bekannten, der dir aufstößt, darüber zu sprechen"[16], wird hier ergänzt um die Empfehlung, nicht nur zu *sprechen*, sondern auch zu *zeichnen*. Beim Reden wird „die *bildhafte Sprache* die Geburtshelferin der Bild-Idee"[17], andersherum hilft das Bild dem Gesprächspartner aber auch bei seiner Rolle als „Hebamme der Gedanken"[18].

Ein schönes Beispiel für diesen Vorgang wie auch für die Spontaneität ist jede Anwendung im Troubleshooting. Fast jeder wird es schon erlebt haben: Den Kollegen ein Problem zu erklären, hilft einem oftmals allein schon dadurch bei der Lösungsfindung, dass man das Problem noch einmal klar strukturiert referieren muss[19]. Erweitert man diesen Ansatz um die Visualisierung des Problems bzw. des Problemumfeldes (z.B. der betroffenen IT-Systeme), fällt vieles leichter:

---

15 Kleist, Heinrich von: Über die allmähliche Verfertigung der Gedanken beim Reden. In: Lindau, Paul (Hrsg.): Nord und Süd, Bd. 4 (1878). S. 3-7. Dieser nicht nur der bereits erwähnten sprachlichen Virtuosität, sondern auch seines Inhalts wegen sehr lesenswerte Aufsatz findet sich im Internet z.B. im Kleist-Archiv unter <http://www.kleist.org>.

16 Ebenda, S. 3.

17 Schultz von Thun, Friedemann: a.a.O., S. 11. Herv. i. O.

18 Vgl. Kleist, der hier auf Immanuel Kant und seine Ausführungen zu Sokrates' Mäeutik (metaphorisch „Hebammenkunst [der Gedanken]") verweist. Schultz von Thuns Begriff der „Geburtshelferin" bildet schließlich vermutlich nicht von ungefähr eine sprachliche Klammer um die sich ergänzenden Konzepte.

- Das Problem muss in einer zweiten Art und Weise formuliert werden (nicht sprachlich, sondern bildhaft als Visualisierung). Hilft schon allein das sprachliche Formulieren des Problems nicht selten bei der Lösungsfindung, erscheint naheliegend, dass eine visuelle Formulierung eine weitere Chance ist, „über die Lösung zu stolpern".

- Das eigentliche Problemsystem (genauer: dessen Grenzen) muss zwangsläufig bestimmt werden, um das Problem zu visualisieren – die Grenzen des Problemsystems bestimmen die Grenzen der Zeichnung. Der Zwang, das Problemsystem konsequent einzugrenzen, verhindert, dass relevante Einflussfaktoren übersehen werden.

- Das Erklären des Problems fällt leichter, wenn auf die Zeichnung verwiesen werden kann. Fragen der Nomenklatur der beteiligten Systeme und Komponenten treten in den Hintergrund, wenn der Gesprächspartner einfach auf das System zeigen kann.

---

19 Häufig ergibt sich die Lösung sogar *während* der Erklärung, in deren Mitte der mehr oder minder verdutzte Kollege dann mitunter spontan im Flur stehen gelassen wird – das Problem ist ja gelöst bzw. der während der Erklärungsversuche identifizierte Lösungsansatz muss natürlich sofort ausprobiert werden; die „allmähliche Verfertigung der Gedanken" könnte ja erfolgreich in einem Geistesblitz quasi kulminiert, die scheinbare Aporie endlich überwunden sein.

- Mit einer Zeichnung lässt sich das Problem womöglich einer fachfremden Person erklären – die oftmals sehr hilfreiche Ansätze entwickeln kann.

Komplexität ist der natürliche Feind der Spontaneität, Spontaneität lebt von Einfachheit: (Flipchart-) Papier, Whiteboard, Stifte – einfache, durch jeden zu beherrschende Werkzeuge. Die Beschränkung auf das Wesentliche ermöglicht die in den geschilderten Situationen so notwendige einfache Flexibilität, ein „visuelles Denken" mit einer gewissen Leichtigkeit. Die Vermeidung von allem Ablenkenden[20] lässt die Gedanken auf die Inhalte fokussiert – nicht auf die Form. Vor diesem Hintergrund sind die folgenden zwei Kapitel – „Werkzeuge" und „Elemente" – zu sehen: Die reiche Auswahl an Möglichkeiten und Ideen ist zu verstehen als Anregung und Angebot, eine eigene, individuelle Auswahl zu treffen, die so einfach und zielgerichtet sein sollte, dass der Kernvorteil des Visualisierens – die unbedingte Spontaneität – niemals verlorengeht.

20 Zum Beispiel komplexer Präsentationstechnik.

4 Werkzeuge

Der Hauptteil dieses Buchs gliedert sich in drei Bereiche: „Werkzeuge“, „Elemente“ und „Zeichnen“. „Werkzeuge“ wie Stifte und Flipcharts sind das, womit „Elemente“ wie Piktogramme erschaffen und worauf sie dargestellt werden. Die Verbindung dieser Elemente ist das „Zeichnen“ – die Entstehung Ihrer Visualisierungen.

4.1 Zu Beschreibendes

Die folgenden Ausführungen befassen sich mit den verschiedenen Medien, *auf* denen visualisiert werden kann.

Begonnen hat die Geschichte des Visualisierens vor einem größeren Auditorium mit der Kreide-, Schreib- oder Schultafel. Die Erfindungsgeschichte der Schultafel muss hier leider im Dunkeln bleiben – die häufig[21] geäußerte Behauptung, der Schotte James Pillans (1778-1864), seinerzeit Schulleiter an der Royal High School in Edinburgh, habe die Tafel erfunden, ist offenkundig falsch. In der Tat beschreibt Pillans in seinem Werk „Elements of physical and classical geography“[22] sehr genau die Entwicklung eines „jet-black board“[23] sowie der dafür verwendeten mehrfarbigen Kreiden[24] und gibt eine Reihe von didaktischen Hinweisen zum Einsatz im

21 Zum Beispiel sowohl im deutsch- als auch im englischsprachigen Wikipedia-Artikel zu „Schreibtafel“ bzw. „Blackboard“ (24.07.2012), die vermutlich Grundlage der hohen Verbreitung dieser falschen Zuschreibung sind.

22 Pillans, James: Elements of physical and classical geography. Edinburgh, London: William Blackwood & Sons 1864.

23 Engl., sinngemäß: samt-/pechschwarzes Brett.

24 Ebenda, S. XXXII und S. XIV ff.

Unterricht. Erfunden hat Pillans die Schultafel jedoch nachweislich nicht – schon in Johann Amos Comenius' „Orbis sensualium pictus" („Die sichtbare Welt") von 1658 findet sich in verschiedenen Ausgaben[25] die Abbildung eines Klassenzimmers („Schola") mit einer Wandtafel, die offenbar mit Kreide beschriftet wurde. Da dieses „Bilderbuch" für Kinder und Schüler die damalige Lebenswelt abzubilden versuchte, ist davon auszugehen, dass mit Kreide beschriftete Schultafeln zu diesem Zeitpunkt bereits verbreitet waren. Dennoch gebührt Pillans vermutlich zumindest die Ehre, als Erfinder der farbigen Tafelkreide zu gelten – und das macht ihn zweifellos zu einem der Urväter der Visualisierung.

Das „Blackboard" (später auch „Chalkboard"), die Schreib- oder Schultafel, war d a s Visualisierungswerkzeug des 20. Jahrhunderts[26]. Erst in der zweiten Hälfte des letzten Jahrhunderts erlangten andere Medien wie Whiteboard und Flipchart einen nennenswerten Stellenwert und haben inzwischen zumindest außerhalb des akademisch-/pädagogischen Bereichs die Kreidetafel fast vollständig verdrängt. Von diesen Medien handelt das folgende Kapitel.

---

25 So z.B. in der englisch-lateinischen Ausgabe aus dem Jahre 1705 (Comenius, Johann Amos; Hoole, Charles (Übers.): Orbis sensualium pictus. London 1705; <http://archive.org/details/johamoscommeniio00come> (21.07.2012)), die dem erfahrenen Pädagogen Pillans bekannt gewesen sein dürfte. Pillans erhebt übrigens auch nicht explizit den Anspruch, die Tafel erfunden zu haben – er beschreibt nur seine Methode der Herstellung und Anwendung.

26 Einen umfassenden Überblick gibt die liebevoll zusammengetragene populärwissenschaftliche Monographie zur Schultafel von Franz Wich (Wich, Franz: Das große Buch der Schultafel. Halle: Projekte-Verlag Cornelius GmbH 2008.).

Allen Medien gemein ist, dass sie kariert sein können – oder nicht. Karierte Medien haben sowohl zum Schreiben als auch zum Zeichnen große Vorteile: Das Karo bietet eine Linie zum darauf Schreiben und hilft, die Schrift angemessen zu skalieren. Zudem vereinfacht es das Zeichnen gerader Linien und das einheitliche Skalieren der Piktogramme einer Visualisierung. Wenn irgend möglich, sollte man versuchen, karierte Medien zu verwenden.

4.1.1 Whiteboard

Schauen Sie sich einmal in Ihrem Büro um – fällt Ihnen eine rechteckige Fläche an einer der Wände auf, die vollständig mit durch Magnete mühsam an Ort und Stelle fixierten, teilweise schon recht vergilbten Zetteln bedeckt ist? Versuchen Sie einmal vorsichtig wie ein Archäologe, die verschiedenen Schichten papierener „Sedimente" abzulösen. Die Wahrscheinlichkeit ist groß, dass Sie einen in Vergessenheit geratenen Schatz entdecken: Ihr Whiteboard[27]!

---

27 Etymologisch ist der Begriff „Whiteboard" sicherlich aus dem des (im Gegensatz zum weißen Whiteboard schwarzen, in jüngerer Zeit auch oft grünen) „Blackboards" entstanden. Sprachgeschichtlich interessant ist die zumindest praktisch fehlende Kongruenz zum Deutschen: Das Whiteboard hat seine Verbreitung in Deutschland vergleichsweise spät begonnen, zu diesem Zeitpunkt waren Anglizismen bereits zunehmend verbreitet. Der Begriff „Whiteboard" wurde quasi selbstverständlich entlehnt; der deutsche Begriff „Weißwandtafel" existiert zwar, findet aber praktisch keine Verwendung. Für das bereits deutlich früher verbreitete „Blackboard" gibt es hingegen eigenständige und genutzte Wörter („Schreibtafel", „(Schul-)Tafel").

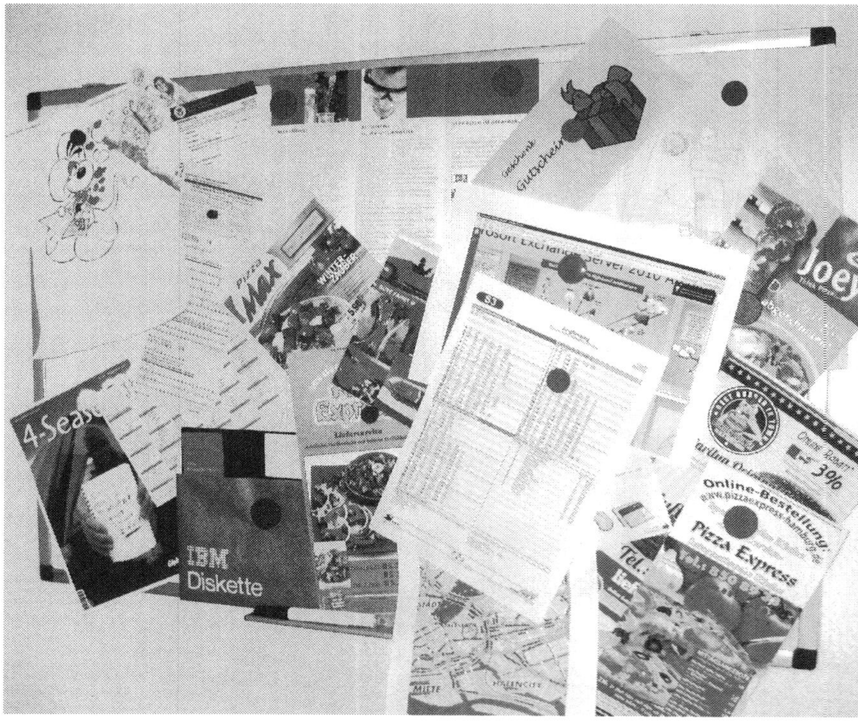

Papiersedimente am Whiteboard; Quelle: Verfasser

Ein Whiteboard[28] ist ein hervorragendes Werkzeug zur Stegreifvisualisierung. Verbreiteter sind jedoch eine ganze Reihe alternativer Nutzungsformen:

- Ein Whiteboard kann als Magnetpinnwand für Zettel dienen, die man sich nicht wegzuwerfen traut.

- Ein Whiteboard kann als persistenter „Speicherplatz“ für wichtige Informationen wie die Telefonliste oder IP-Adressen dienen.

---

28 Die Erfindungsgeschichte des Whiteboards ist leider nur schlecht mit Primärquellen belegt, siehe <http://www.whiteyboard.com/history-of-whiteboards.html> (10.06.2012).

- Ein Whiteboard kann seit Jahren durch eine ausdrücklich mit „Bitte nicht abwischen“ gekennzeichnete Zeichnung blockiert sein, an deren Sinn sich niemand mehr erinnert – an das blockierte Whiteboard erinnert sich nach einer gewissen Zeit allerdings ebenfalls niemand mehr, obwohl es jederzeit sichtbar im Raum hängt.

Beenden Sie dieses Trauerspiel, erobern Sie Ihr Whiteboard zurück – Sie brauchen es für Ihre Arbeit!

Ein großer Vorteil des Whiteboards gegenüber dem in einem der nächsten Kapitel (siehe S. 26) behandelten Flipchart ist, dass es abwischbar ist und damit wiederverwendbar; das Papier kann nicht ausgehen.

Ein großer Nachteil des Whiteboards gegenüber dem Flipchart ist, dass es abwischbar ist und man nicht durch einfaches Blättern auf ältere Zeichnungen zurückgreifen kann.

Ist etwas gleichzeitig Vor- und Nachteil, wirkt dies auf den ersten Blick paradox[29]. Praktisch wirken sich diese Vor- und Nachteile jedoch je nach Anwendungsfall unterschiedlich aus; die Verwendung eines Whiteboards ist gegenüber einem Flipchart manchmal sinnvoller und manchmal eben nicht. Im Idealfall ist beides verfügbar und man kann durch gezielten Einsatz des einen oder anderen – durchaus auch gleichzeitig – die jeweiligen Vorteile nutzen.

---

29 Kultur- und ausbildungsbedingt neigen wir dazu, scheinbare Widersprüche vorschnell als Dualismen zu betrachten. Die dann folgende Suche nach d e r einen besten Lösung verstellt oft den Blick und behindert bei der Suche nach dem pragmatisch besten Lösungsmix.

Auf einem Whiteboard lässt sich nicht nur schreiben und zeichnen, auf den meisten Whiteboards haften auch Magnete problemlos. Auf diese Weise können Papiere wie Moderationskarten (siehe S. 30) oder gar ganze Flipchart-Blätter am Whiteboard befestigt und in Visualisierungen integriert werden. Wichtig ist, dass dies ein temporärer Zustand im Rahmen und als Bestandteil einer Visualisierung ist – andernfalls wird das Whiteboard erneut zur Magnetpinnwand degradiert.

Karierte Whiteboards sind erhältlich, aber sehr selten. Bei der Neubeschaffung eines Whiteboards sollte man versuchen, möglichst ein kariertes zu erhalten – darauf schreibt und zeichnet es sich besser.

Der jedoch ohne Zweifel größte Nachteil des Whiteboards ist, dass es oftmals eben doch nur schlecht abwischbar ist. Ist eine Zeichnung schon sehr lange auf dem Whiteboard[30], lösen sich die Farbpartikel ohne spezielle Whiteboard-Reinigungsflüssigkeiten nur noch sehr widerwillig von der Oberfläche ab. Noch widerwilliger lassen sich mit nicht für Whiteboards geeigneten Stiften erstellte Zeichnungen abwischen. Gerade als Berater beim Kunden „am fremden Whiteboard" muss man hier oftmals größere Reinigungsmaßnahmen durchführen, bevor die dann kaum noch spontane Visualisierung starten kann.

Erstaunlich gut bewährt haben sich Mikrofaser-Tücher, wie sie z.B. zum Fensterputzen eingesetzt werden: Die Mikrofaser-Struktur der Tücher ist sehr gut geeignet, die abgelösten Farbpartikel zu binden und nicht lediglich zu verschmieren. Darüber hinaus haben Tücher gegenüber handelsüblichen Whiteboard-

30 Beispielsweise, weil sie seit Jahren als „Bitte nicht abwischen" gekennzeichnet ist.

Reinigungsschwämmen den Vorteil der leichten Transportabilität.

Vermeiden sollten Sie die Verwendung von nicht speziell für Whiteboards vorgesehenen Lösungs- oder gar Scheuermitteln: Das Funktionsprinzip eines Whiteboards setzt voraus, dass die Oberfläche die Farbpartikel nicht bindet; zu diesem Zweck wurden je nach Hersteller unterschiedliche Oberflächenbeschichtungen aufgebracht. Jede mechanische oder chemische Beschädigung dieser Beschichtungen macht das Whiteboard weitgehend unbrauchbar.

Ein gut gepflegtes, sauberes Whiteboard jedoch ist ein wunderbares Werkzeug für Ihre Visualisierungen. Zeichnungen können durch die Möglichkeit des einfachen Löschens quasi iterativ entwickelt werden (Zwischenzustände lassen sich vor dem Löschen z.B. mit der Kamera des Mobiltelefons einfach dokumentieren - siehe S. 107), eine Dynamik dieser Art ist auf Papier kaum zu erreichen. Die Nicht-Permanenz des Gezeichneten macht mutig: mutig, Varianten auszuprobieren, um zu sehen, wie das Gesamtbild anschließend aussieht – und mutig, schnell mal alles abzuwischen und den Gedanken noch einmal ganz anders zu denken. Kurz: Das Whiteboard ist ein idealer Begleiter der „allmähliche[n] Verfertigung der Gedanken beim Reden“[31] und Zeichnen.

4.1.2 Digitale Whiteboards

Digitale Whiteboards oder Smartboards sind eine Kombination aus einem Whiteboard und einem Projektor („Beamer“), der eben dieses Whiteboard als Projektionsfläche nutzt. Zusätzlich benötigt man spezielle Stifte, deren Position am Whiteboard über

31 Kleist, Heinrich von: a.a.O., S. 3.

Sensoren an den mit dem Projektor verbundenen Computer übergeben werden. Auf diese Weise ist ein fließender Übergang zwischen projizierten und gezeichneten Inhalten möglich; es ist möglich, in die Projektion hinein zu zeichnen und es erfolgt eine später wieder projizierbare „Mitschrift“ der Zeichnung in digitaler Form. Das Whiteboard kann zudem quasi als Monitor verwendet und die jeweilige Anwendung mit den Stiften bedient werden.

Interaktive Schultafel; Quelle: Legamaster

Viele der auf dem Markt erhältlichen Systeme sind eng verzahnt mit einer oft jeweils darauf abgestimmten Software, die den Charakter einer mehr oder minder kompletten „Lernplattform“ hat – entsprechend verbreitet ist diese Technologie im Bildungswesen.

Digital, komplex und bei Bedarf auch als Heimkino zu verwenden – digitale Whiteboards lösen insbesondere bei männlichen Beschäftigten der IT-Branche ihrer Natur gemäß einen starken Kaufimpuls aus. Ob dieser Impuls gerechtfertigt ist, hängt sicherlich vom Anwendungsfall ab:

- Nutzen Sie Visualisierungen vorrangig im Training oder vergleichbaren Situationen, liegt der Fokus also auf strukturierter Wissensvermittlung, kann ein digitales Whiteboard eine sehr sinnvolle Investition sein. Visualisierung für den Unterricht ist jedoch nicht Gegenstand dieses Buchs, der Schwerpunkt dieses Buchs liegt auf der spontanen Stegreifvisualisierung. Für die Anwendung digitaler Whiteboards in Trainings- und Unterrichtssituationen gibt es auf dem Markt umfangreiche Literatur.

- Für spontane Stegreifvisualisierungen (das eigentliche Thema dieses Buchs) bieten digitale Whiteboards kaum Vorteile – dafür den großen Nachteil der Komplexität und der damit verbundenen Anfälligkeit für Fehler und vor allem Fehlbedienungen. Im Interesse der Spontaneität und vor allem im Interesse der zu transportierenden Inhalte empfiehlt es sich, in diesem Fall auf einfache Mittel – „analoge" Stifte und ein konventionelles Whiteboard – zurückzugreifen. Mit anderen Worten – es muss immer gelten: „Form follows function."[32]

- Für jedes Werkzeug – und vor allem für jedes komplexe technische Werkzeug – gilt: „A fool with a tool is still a fool"[33]; keine Visualisie-

32 Eigentlich „[...] form ever follows function" – eher eine Feststellung denn die Aufforderung, als die das Zitat oft verwendet wird – nach Louis Sullivan (*1869 †1924, amerikanischer Architekt, genannt „father of skyscrapers"); vgl. <http://en.wikipedia. org/wiki/Louis_Sullivan>.

33 Ein Grady Booch, einem der Väter der Unified Modeling

rung und keine Präsentation ist jemals durch den bloßen Einsatz eines technischen Hilfsmittels substantieller geworden. Der Einsatz aller Werkzeuge will überlegt sein. Ganz sicher ist: Beginnt die Form, den Inhalt zu dominieren – wird die Beschäftigung mit dem technischen Präsentationsmedium also wichtiger als das eigentliche Thema[34] –, gehört der Medieneinsatz überdacht.

- Bezieht sich Ihre Spontaneität nicht nur auf den Zeitpunkt, sondern auch auf den Ort – visualisieren Sie z.B. in Beratungs- oder auch Trainingssituationen beim Kunden –, ist ein digitales Whiteboard im „heimischen" Büro ebenfalls wenig hilfreich. Es ist einfach nicht da, wenn Sie es brauchen.

Neben den beschriebenen „vollwertigen" Smartboards existieren auch lediglich „aufzeichnende" Systeme, die die Stiftpositionen während des Zeichnens messen und an einen angeschlossenen Computer zur Weiterverarbeitung der entstandenen Zeichnung weitergeben. An einem konventionellen Whiteboard oder Flipchart befestigbar, sind viele dieser Systeme sehr flexibel einsetzbar und eine für reine Stiftzeichungen qualitativ sehr hochwertige Alternative zum Fotoprotokoll. Kommen neben Stiften auch andere Zeichenwerkzeuge (siehe S. 39) oder z.B.

Language (UML), zugeschriebener Ausspruch.

34 Ein Problem, das der Verfasser und vermutlich viele seiner Zeitgenossen während der Schulzeit bei der Einführung erster digitaler Medien in den Unterricht durch entsprechend technikbegeisterte Lehrer beobachten konnten. Mit der zunehmenden Selbstverständlichkeit des Medieneinsatzes und vor allem durch den pragmatischen Einsatz digitaler Medien durch nicht technikaffine Pädagogen scheint sich dieses Problem deutlich vermindert zu haben.

Haftnotizen (siehe S. 33) zum Einsatz, führt an einer Dokumentation durch ein Foto (siehe S. 107) kaum ein Weg vorbei.

Aufzeichnung am Flipchart; hier: Legamaster e-Clip; Quelle: Legamaster

4.1.3 Flipchart

Ein Flipchart[35] hat gegenüber einem Whiteboard eine ganze Reihe von Vorteilen, die für viele Anwendungsfälle wichtig sein können:

- Ein Flipchart ist in der Regel mobil und kann so in unterschiedlichen Räumen und bei wechselnden Bestuhlungen[36] genutzt werden.
- In der Regel wird auf Papier gearbeitet. Auf Papier lässt sich durch den erhöhten Reibungswiderstand des Stifts deutlich besser schreiben als auf der extrem glatten Oberfläche eines Whiteboards. Zudem kann Papier kariert sein, was das Zeichnen, vor allem aber das Schreiben massiv vereinfacht. Flipchart-Papier ist ohne Probleme kariert mit einem Karo-Raster von typischerweise 2,5 cm[37] erhältlich.
- Das Papier kann vor- und zurückgeblättert werden, um innerhalb der Visualisierungs-Sequenz zu „springen". Viele Flipcharts verfügen zudem über ausklapp- oder -ziehbare „Seiten-

---

35 Engl., sinngemäß „Umdreh-Diagramm" – die Möglichkeit des Umblätterns, die das Flipchart deutlich gegen andere Medien abgrenzt, manifestiert sich bereits in der Namensgebung. Zur Erfindung des Flipcharts existieren unterschiedliche, nicht belegte Legenden, denen größtenteils gemein ist, den Erfinder im Vertriebs- oder Marketing-Bereich zu verorten.

36 Unterschiedliche Bestuhlungen ein und desselben Raums sind häufig sinnvoll – nicht nur für unterschiedlich große Teilnehmerkreise, sondern vor allem auch für unterschiedliche Gruppenarbeits-Szenarien. Nicht einfach die vorgegebene Bestuhlung zu übernehmen, sondern den Arbeitsraum für die jeweilige Situation bewusst zu gestalten, kann Gruppenprozesse massiv unterstützen.

arme", an denen sich einzelne Blätter anklemmen oder mit Magneten fixieren lassen – eine oft übersehene Funktionalität.

- Einzelne Flipchart-Seiten können vorbereitet, mitgebracht und an das Flipchart gehängt werden. Für häufiger verwendete vorbereitete „Standard-Flipchart-Seiten" gibt es im Handel sogar Lochverstärker, um ein Ausreißen der Löcher zu verhindern[38]. Alternativ dazu existieren gar großformatige „Flipchart-Bücher". Zu beachten ist hier: Arbeitet man überwiegend mit vorbereiteten Flipchart-Blättern, hat man das falsche Medium gewählt: Offensichtlich wäre eine vorbereitete PowerPoint-Präsentation in diesem Fall das bessere Werkzeug. Teilweise vorbereitete Blätter (z.B. die Agenda der Besprechung oder vorbereitete Tabellen, die nur noch ausgefüllt werden müssen) sind jedoch häufig sinnvoll.

- Ein Flipchart kann nötigenfalls auch ohne Papier als Whiteboard verwendet werden – in der Regel ist die Fläche eines Flipcharts dafür geeignet beschichtet. Durch Umblättern des kompletten Flipchart-Blocks lässt sich diese Whiteboard-Fläche zur Verwendung freilegen.

---

37 Vermutlich handelte es sich ursprünglich (oder immer noch – die Differenz von 0,4 mm wäre praktisch nicht wahrnehmbar) um 1" (ein Zoll beziehungsweise Inch) entsprechend 2,54 cm. Der Gesetzgeber schützt uns glücklicherweise durch das EinhZeitG vor solchen Einheiten.

38 Die Löcher lassen sich nach Erfahrung des Verfassers auch deutlich preiswerter durch beidseitig über die Löcher geklebtes transparentes Klebeband und anschließendes Ausschneiden der Löcher mit einem scharfen Messer ebenso gut verstärken.

Neben diesen Vorteilen weist ein Flipchart natürlich auch Nachteile gegenüber dem Whiteboard auf:

- Papier ist Verbrauchsmaterial und kann verbraucht sein. Da Papier für die sinnvolle Benutzung eines Flipcharts entscheidend ist, fällt Flipchart-Papier beziehungsweise dessen Abwesenheit ohne Zweifel allein schon aufgrund der Relevanz unter Murphys Gesetz[39].

- Ein Flipchart ist deutlich kleiner als die meisten Whiteboards und in der Regel hochformatig. Dank moderner Präsentationssoftware, grundsätzlich querformatigen Bildschirmen und Projektoren mit zunehmend breiteren Seitenverhältnissen denken die meisten ITler jedoch im Querformat[40] – praktisch alle Visualisierungen, aus denen man schöpfen kann, sind querformatig.

4.1.4 Mobile Flipcharts

Ein normales Flipchart ist zwar recht gut rollbar und es sind zudem gut zusammenklappbare Modelle erhältlich, die Transportabilität beschränkt sich jedoch allein schon aufgrund der Größe der eigentlichen Flipchart-Fläche auf Menschen, die mit dem PKW unterwegs sind. Für den zunehmend verbreiteten „Büro-Nomaden", der einen Mix aus unterschiedlichen Verkehrsmitteln nutzt und oft mit dem

39 Murphys Gesetz (engl. „Murphy´s Law") – sinngemäß: Alles, was schiefgehen kann, wird auch schiefgehen. Vgl. <http://de.wikipedia.org/wiki/Murphys_Gesetz> (30.08.2012).

40 Interessanterweise werden mit der Präsentationssoftware anstelle anregender Visualisierungen vor allem Listen von Punkten mit sehr, sehr viel Text erzeugt, für die ein Hochformat deutlich besser geeignet wären.

Flugzeug unterwegs ist, ist auch ein perfekt verpackbares klappbares Flipchart ungeeignet. Für diesen Anwendungsfall existieren zwei unterschiedliche Varianten hoch mobiler „Flipcharts“:

- Das Haftnotiz-Prinzip[41]: Mobile Flipcharts nach diesem Konzept sind quasi riesige (Papier-)Haftnotizen, kombiniert mit einem aus Pappe bestehenden Aufsteller. Sie können mittels des Aufstellers auf den Tisch gestellt werden und einzelne Blätter können vor oder nach der Benutzung abgelöst und wie Haftnotizen z.B. an Wände geklebt werden.

- Das elektrostatische Prinzip[42]: Die einzelnen „Blätter“ sind aus Kunststofffolie gefertigt und „kleben“ aufgrund statischer Aufladung. Zum Zeichnen wird eine glatte Fläche (z.B. Fenster, Büro- oder Schranktür) benötigt, auf die die Folie während der Visualisierung „aufgeklebt“ wird. Anschließend kann sie auch auf raueren Oberflächen wie z.B. Raufasertapeten „geparkt“ werden - auf rauem Untergrund lässt sich jedoch nur schlecht zeichnen oder schreiben. Da die Folien nicht aus Papier bestehen, ist eine Beschriftung mit Permanent-Markern zu empfehlen, nicht jedoch mit für Papier vorgesehenen Flipchart-Stiften, da deren Farbe kaum in die Folie einzieht.

---

41 Erhältlich z.B. von 3M (http://www.3m.de) als „Post-it Meeting Charts“.

42 Erhältlich z.B. von Legamaster (http://www.legamaster.de) als „Magic-Chart“. Diese Variante ist in kariert, mit Whiteboard-Funktionalität oder in schwarz (ähnlich einem „Blackboard“) erhältlich.

Magic-Chart; Quelle: Legamaster

Beide Varianten weisen allein schon aufgrund des deutlich geringeren Gewichts eine viel höhere Transportabilität auf als ein „normales" Flipchart. Im Falle der auf das Haftnotiz-Prinzip basierenden Variante erkauft man sich den Komfort eines aufstellbaren „Papp-Flipcharts" mit einem deutlich erhöhten Packmaß.

4.1.5 Moderationskarten

Moderationskarten sind farbige Karten aus etwas stärkerem Papier. Sie sind im Handel in unterschiedlichen Formaten (meist rechteckig mit einem Maß von ca. $^1/_3$ DIN A4, kreisförmig oder oval) und Farben erhältlich. Sie werden meist mit Text beschriftet und sind zweckdienlich für alles, was nach Beschriftung noch in der Visualisierung bewegt werden muss:

- Dinge, die gruppiert werden müssen – z.B. die Ergebnisse eines „Brainstormings“ oder ähnlicher Techniken,
- Dinge, die sortiert werden sollen – z.B. nach Priorität oder zeitlicher Abfolge,
- Dinge, die in einen noch in Klärung befindlichen sachlichen/inhaltlichen Zusammenhang gestellt werden müssen – z.B. die Arbeitspakete eines Projekts,
- Dinge, von denen noch nicht ganz klar ist, wie damit verfahren werden soll – z.B. im Rahmen einer Besprechung kontinuierlich auf Moderationskarten festgehaltene offene Punkte/Fragen.

Zusammenfassend und im Kontext dieses Buchs hinreichend erscheint der Hinweis: Alles, was nachträglich sortiert, gruppiert oder anderweitig bewegt werden muss, sollte auf Moderationskarten notiert werden. Die unzähligen Anwendungen für Moderationskarten und die im nächsten Kapitel vorgestellten Moderationswände im Kontext der sogenannten „Pinnwandmoderation“[43] sind nicht Gegenstand dieses Werkes, eine Beschäftigung mit diesem Thema kann jedoch die Qualität einer jeden prozessbegleitenden Visualisierung mit hoher Wahrscheinlichkeit steigern.

---

43 Auch bekannt unter der Bezeichnung „Metaplan-Methode“. „Metaplan“ ist eine eingetragene Marke der Metaplan Thomas Schnelle Gesellschaft für Planung und Organisation mbH. Eine grundlegende Einführung dazu findet sich unter dem Titel „Metaplan Basiswissen“ unter <http://www.metaplan.de/download/praktisches> (08.07. 2012).

4.1.6 Moderationswände

Moderationswände sind neben Moderationskarten das zweite wichtige Werkzeug der „Pinnwandmoderation“, können jedoch auch im Kontext eher technischer Visualisierungen helfen. Primärer Zweck von Moderationswänden ist es, als große Pinnwand für Moderationskarten zu dienen.

Moderationswände; Quelle: Legamaster

In der Regel sind Moderationswände in etwa quadratisch mit einer Kantenlänge von mindestens 1,40 m. Allein schon aufgrund dieser Größe bieten sie sich wunderbar als Basis für wirklich große Zeichnungen an – sofern sie mit ausreichend großem Papier „bespannt“ wurden. Im Handel wird in der Regel braunes „Packpapier“ in entsprechender Größe angeboten. Empfehlenswerter ist weißes, wenn möglich kariertes Papier[44]: Braunes Papier wirkt störend bei der Fotodokumentation, zudem ist die leicht angedeutete Linierung des „Packpapiers“ ein nur wenig adäquater Ersatz für ein echtes Karo.

Neben der Verwendung für große Zeichnungen eignen sich Moderationswände (insbesondere, wenn sie nur „zufällig“ gerade im Raum stehen und kein geeignetes Papier zur Verfügung steht) als „Parkplatz“ für einzelne Flipchart-Blätter, die dauerhaft sichtbar aufgehängt werden sollen (z.B. die Agenda, Listen von Zielen/offenen Punkten oder Ähnliches).

4.1.7 Haftnotizen

Haftnotizen[45] (Klebezettel[46]) sind aus der modernen Bürowelt praktisch nicht mehr wegzudenken – obwohl moderne IT-gestütze Werkzeuge zur Selbstorganisation viele bisherige Anwendungsfälle in der „analogen individuellen Datenverarbeitung“ obsolet gemacht haben. Sie stehen zudem fast jederzeit und meist in ausreichend großer Anzahl zur Verfügung, um (vielleicht mangels verbliebener Anwendungsfälle) auf die eine[47] oder andere[48] Weise systematisch zweckentfremdet zu werden. Umso mehr erstaunt, wie selten Haftnotizen in der Visualisierung verwendet werden.

---

44 Erhältlich z.B. im moderatorenShop, siehe <http://www.moderatorenshop.de/>.

45 Zur bemerkenswerten Geschichte der Erfindung der Haftnotiz – einem Musterbeispiel einer Serendipität – siehe <http://www.3m-pressnet.de/3m/opencms/newsdata/basispresseinfos/Post-it_Haftnotizen_wurden_in_der_Kirche_erfunden> (30.09.2012).

46 Um nicht das ohne Zweifel verbreitetere Deonym „Post-It“ zu verwenden.

47 <http://www.postitwar.com/>.

48 <http://www.savagechickens.com/>.

Bei Haftnotizen handelt es sich um einen wunderbaren Ersatz für Moderationskarten – dies gilt insbesondere für die größeren Exemplare, die teilweise speziell für diesen Zweck erhältlich sind. Sie können also problemlos für alles eingesetzt werden, wofür Moderationskarten ebenfalls geeignet wären, und haben den unschlagbaren Vorteil, selbsthaftend zu sein – und das sogar an fast allen Whiteboards. Sie können eine als Pinnwand verwendete Moderationswand so fast vollständig überflüssig machen – sie kleben einfach fast überall und müssen nicht mit Pins befestigt werden.

Zum Beschriften gerade kleinerer Haftnotizen kann man neben „normalen" Flipchart-Stiften auch sehr gut Kalligraphie-Stifte (siehe S. 38) verwenden, um einerseits einen ähnlichen Effekt wie durch Stifte mit Keilspitze (siehe S. 83) zu erzielen, andererseits der Größe der Haftnotiz angemessen klein schreiben zu können.

Am Whiteboard sind Haftnotizen mit Zeichnungen kombinierbar, z.B. können die Arbeitspakete eines Projektes auf Haftnotizen am Whiteboard arrangiert und mit Strichen verbunden werden, um die Abhängigkeiten zu kennzeichen. Auf diese Weise entsteht sehr einfach und interaktiv ein grober Netzplan.

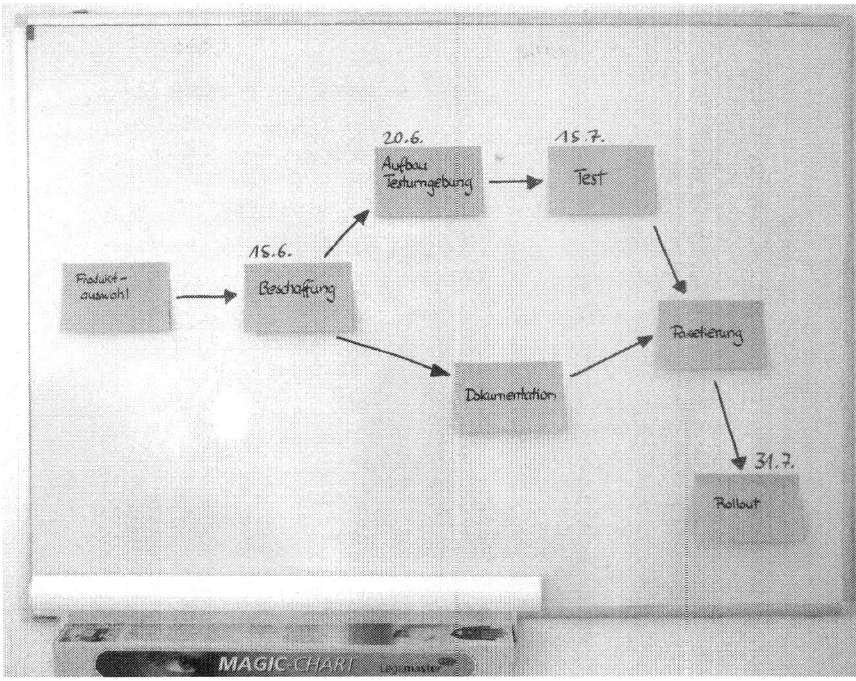

Grober Netzplan aus Haftnotizen am Whiteboard; Quelle: Verfasser

4.2 Schreibendes

Ein großer deutscher Hersteller digitaler Whiteboards insbesondere für Schule und Ausbildung bewirbt seine Produkte mit dem Slogan „Das Ende der Kreidezeit". Die IT als recht junge Branche hat die an einigen Schulen und Universitäten noch nicht beendete „Kreidezeit" kaum erlebt; Kreide als Schreibgerät ist in der Branche weitgehend unbekannt.

Abhängig vom zu beschreibenden Medium gibt es drei Sorten Stifte:

- Whiteboard-Stifte oder -Marker sind speziell für die Verwendung am Whiteboard gedacht. Sie bringen die Farbpartikel in einer Form auf, die es erlaubt, sie von glatten Flächen wieder abzuwischen. Prinzipiell kann man Whiteboard-Marker auch auf Papier verwenden – Papier saugt allerdings im Gegensatz zum Whiteboard die Farbe auf, die Zweckentfremdung von Whiteboard-Markern für Papier ist also ein sicherer Weg, den Stift sehr frühzeitig zu entleeren, und sollte möglichst vermieden werden.

- Flipchart-Stifte sind quasi große Versionen der bei Kindern beliebten „Filzstifte“: Die meist wasserlösliche Farbe dringt in das Papier ein. Sie sind optimal für die Arbeit am Flipchart geeignet. Eine Verwendung auf nicht saugfähigen Oberflächen (wie z.B. Whiteboards oder Kunststofffolien-Flipcharts, vgl. S. 29) ist nicht möglich – die Farbe trocknet nur langsam oder gar nicht und verschmiert. Da die Farbe fast immer wasserlöslich ist, lässt sich ein Whiteboard, das aus Versehen mit diesen Stiften beschriftet wurde, meist mit Wasser und nötigenfalls Seife reinigen.

- Permanent-Marker (oft bezeichnet mit dem Deonym „Edding“) beschreiben praktisch alles und sind ohne Lösungsmittel kaum zu entfernen. Sie sollten entsprechend möglichst niemals mit Whiteboard-Markern verwechselt werden – die Folgen sind fatal und oft irreversibel. Permanent-Marker können verwendet werden, um (Flipchart-)Papier zu beschreiben und eignen sich für die Kunststofffolien-Flipcharts (vgl. S. 29). Nutzt man diese Folien-Flipcharts, kommt man um Permanent-Marker eigentlich nicht herum[49].

Abhängig vom Medium sollte also der richtige Marker gewählt werden. Im Notfall können auch ein Whiteboard-Marker oder ein Permanent-Marker für Papier genutzt werden - dies sollte allerdings nicht die Regel sein. Weiß man nicht, welches Medium einen erwartet, ist man mit allen drei Typen Markern (oder minimal Whiteboard- und Permanent-Markern) ideal vorbereitet.

Abhängig davon, ob man schreiben oder zeichnen möchte, existieren zwei verschiedene Formen von Markern:

- Marker mit Rundspitzen eigenen sich vor allem zum Zeichnen.
- Marker mit Keilspitzen sind ideal zum Schreiben (siehe S. 83), können jedoch (nötigenfalls „auf Spitze" gehalten - das nutzt allerdings die Keilspitze möglicherweise recht schnell ab) auch zum Zeichnen verwendet werden.

Der „Kalligraphie-Effekt" (siehe S. 83) von Markern mit Keilspitze stört beim Zeichnen kaum, es reicht also für die meisten Fälle aus, lediglich Marker mit Keilspitzen zu verwenden[50].

---

49 Theoretisch sollten die Folien auch mit „normalen" Flipchart-Markern beschriftbar sein, nach Erfahrung des Verfassers empfehlen sich insbesondere aufgrund der deutlich geringeren Trocknungszeit allerdings Permanent-Marker.

50 Whiteboard-Stifte mit Keilspitze sind selten, auf Nachfra-

In der Regel werden zumindest Flipchart- und Permanent-Marker in zwei verschiedenen Größen angeboten. Für die normale Arbeit sind die dünnen Stifte optimal, lediglich für Überschriften am Flipchart oder Ähnliches ist der Einsatz der großen Größe sinnvoll.

Stiftgrößen, Strichbreiten und Schriftgröße; Quelle: Verfasser

Möchte man z.B. zum Beschriften von Moderationskarten (vgl. S. 30) oder Haftnotizen (vgl. S. 33) einen dünneren Stift nutzen, gibt es sogenannte „Kalligraphie-Stifte" mit einer Strichbreite zwischen 1,5 mm und 5 mm. Für die Beschriftung üblicher Haftnotizen hat sich eine Stiftbreite von 3,5 mm als optimal erwiesen.

---

ge aber erhältlich. Lassen Sie sich nicht abwimmeln – Ihr Schriftbild wird es Ihnen danken.

Beschriften von Haftnotizen mit einem Kalligraphie-Stift; Quelle: Verfasser

4.3 Anderes

Arbeitet man vorrangig am Flipchart (und weniger am Whiteboard), lohnt sich je nach eigenem Stil vielleicht ein Blick in die künstlerische Abteilung der örtlichen Schreibwarenhandlung: Wachsmalblöcke und -stifte ermöglichen das flächige Kolorieren einer Zeichnung. Insbesondere erstere können z.B. auch zum Annotieren von Text am Flipchart ähnlich wie ein Textmarker genutzt werden – zumindest ein gelber oder oranger Wachsmalblock findet so seinen Platz in vielen Grundausstattungen. Ähnliches gilt für Öl- oder Pastellkreiden.

Ein einfacher und sehr gut zu transportierender Zirkel kann mit einer Schnur improvisiert werden, deren eines Ende mit einer Schlaufe versehen ist, durch die man einen Stift steckt, und deren anderes Ende mit dem Finger im Zentrum des zu zeichnenden Kreises fixiert wird – sehr hilfreich, falls man des öfteren größere Kreise zeichnen muss[51].

Drei Dinge, die eher in Drogerie und Baumarkt als im Schreibwarenhandel erhältlich sind, aber dennoch auch im „Werkzeugkasten" eines Visualisierenden ihre Berechtigung haben, sind Mikrofaser-Tücher, Malerkrepp und ein Bimsstein:

- Ein Mikrofaser-Tuch ist ein perfektes Werkzeug zum Reinigen von Whiteboards und zudem deutlich transportabler als ein Whiteboard-Reinigungsschwamm (vgl. S. 20).
- Malerkrepp (das beim Malen von Räumen zum Abkleben verwendete Klebeband) ermöglicht es, Visualisierungen auf (Flipchart-) Papier an fast beliebigen Wänden zu „parken". Zu beachten ist, dass gerade Meeting-Räume erstaunlich häufig gestrichen werden – und die zehnte Farbschicht eben deutlich weniger gut an der Wand haftet als die erste. Man sollte also grundsätzlich qualitativ hochwertige Markenprodukte verwenden und in älteren Gebäuden darauf achten, ob man beim Ablösen des Malerkrepps auch Farbschichten ablöst. Sicherheitshalber kann man ggf. an Fenster, Türrahmen oder z.B. Schränke kleben.

---

51 Mit Zirkel und Lineal lassen sich übrigens alle möglichen geometrischen Formen konstruieren – der eine oder andere erinnert sich vielleicht aus dem Mathematik-Unterricht daran.

- Ein Bimsstein ist der sicherste Weg, die Folgen einer exzessiven Visualisierungs-Sitzung von den Händen zu bekommen. Lassen sich die Spuren von Whiteboard-Markern noch recht gut mit Wasser und Seife entfernen, ist dies bei Flipchart-Markern schon deutlich schwieriger – und im Falle von Permanent-Markern ohne Lösungsmittel oder eben einen Bimsstein fast unmöglich. In vielen Branchen ist es ja durchaus üblich, „nach Arbeit auszusehen" – für die IT-Beratung gilt das ohne Zweifel nicht. Ein Bimsstein sollte also einen festen Platz mindestens im Reisegepäck, wenn nicht gar in der Aktentasche haben.

4.4 Ein mobiler Werkzeugkasten

Gerade für Berater ist leichtes Gepäck oft ein Muss: Im Flugzeug ist die Menge des Gepäcks ehedem stark reglementiert, auf Bahnfahrten sind Sitzplätze oder gar ausreichend Platz für Gepäck selbst in der ersten Klasse erstaunlich häufig Mangelware und auch der Platz im Kofferraum des Firmenwagens ist letztlich begrenzt. Andererseits ist häufig nicht sicher, dass am Zielort Whiteboard, Flipchart oder gar funktionsfähige Stifte vorhanden sind. Einen hochmobilen „Werkzeugkasten" zum Visualisieren mitzuführen, erscheint dementsprechend sinnvoll. Im „Werkzeugkasten" des Verfassers befinden sich meist folgende „Werkzeuge":

- Flipchart-Seiten eines mobilen Flipcharts (vgl. S. 28): Diese können einzeln vom Block oder der Rolle getrennt und auf DIN-A4 gefaltet in einer normalen Aktenmappe transportiert werden. Auf diese Weise können problemlos ein

Dutzend auch ohne Flipchart verwendbare Flipchart-Blätter mitgeführt werden, ohne dafür sperriges Gepäck zu brauchen.

- Flipchart-, Whiteboard- und Permanent-Marker (letztere für die oben erwähnten mitgeführten Flipchart-Blätter) – mit diesen drei Sorten Markern in den üblichen vier Farben (siehe S. 76) ist unabhängig vom vor Ort vorhandenen Medium eine Visualisierung auf jeden Fall möglich.

- Haftnotizen in verschiedenen Farben.

- Ein Kalligraphie-Stift.

- Ein Mikrofaser-Tuch zum Reinigen eines eventuell vor Ort vorhandenen (ganz sicher schon seit langer Zeit beschrifteten) Whiteboards.

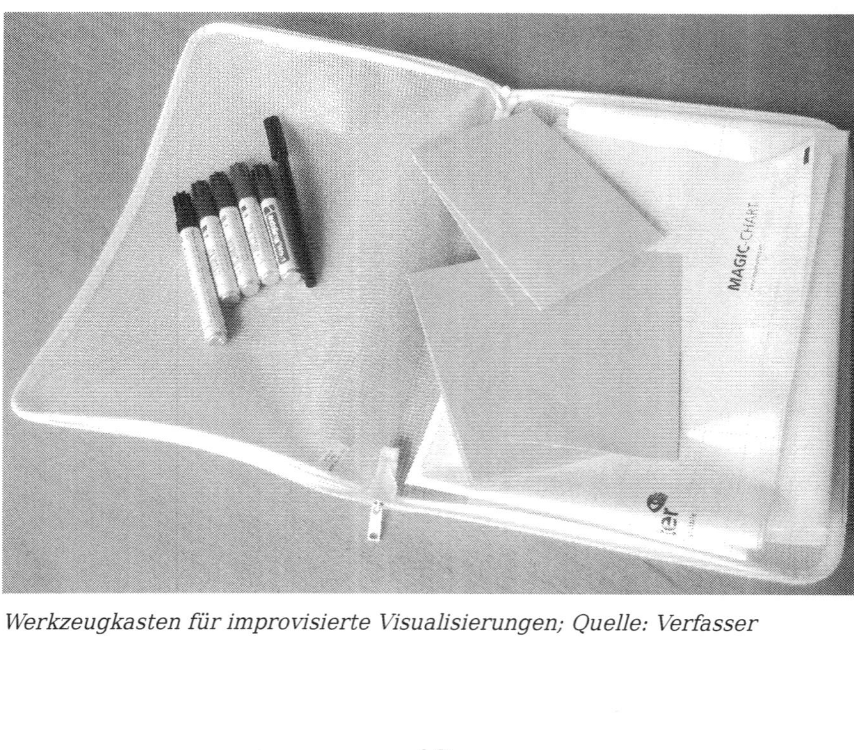

Werkzeugkasten für improvisierte Visualisierungen; Quelle: Verfasser

Mit dieser Ausstattung ist in praktisch jeder Situation eine nicht allzu improvisierte Visualisierung möglich – und das, ohne größeres Volumen oder Gewicht mitzuführen. Es gibt keine Entschuldigung mehr dafür, nicht visualisiert zu haben, obwohl es sinnvoll gewesen wäre.

5 Elemente

Eine Visualisierung besteht vor allem aus (farbigen) Piktogrammen, Verbindungen und (nicht zu viel und möglichst abgekürztem) Text. Um diese Elemente geht es im folgenden Abschnitt dieses Buchs. Im daran anschließenden Abschnitt „Zeichnen" werden die Elemente kombiniert – eine Visualisierung entsteht.

5.1 Bildsprache

„Ein Bild sagt mehr als tausend Worte."[52] – wäre dieser oft zitierte Ausspruch in seiner Absolutheit richtig, hieße das, die 18552 Wörter dieses Werkes, die der Verfasser sich mehr oder minder angestrengt abgerungen hat, wären durch rund 19 Bilder substituierbar. Ich habe die innige Hoffnung, dass dem nicht so ist und sich die Mühe des Tippens gelohnt hat. Dennoch hat der viel zitierte Ausspruch natürlich einen Hintergrund: Viele Sachverhalte lassen sich tatsächlich piktographisch deutlich kompakter ausdrücken als mit Worten:

Freie Symbole des American Institute of Graphic Arts (AIGA) zur Verwendung in Flughäfen; vgl. <http://www.aiga.org/symbol-signs/> (06.05.2012)

52 Zur Herkunft und Geschichte dieses Ausspruchs vgl. <http://www.phrases.org.uk/meanings/a-picture-is-worth-a-thousand-words.html> (6. Mai 2012).

Ein Piktogramm im semiotischen[53] Sinne ist ein *ikonisches Zeichen (Ikone)*[54]; in dem Abgebildeten (dem Piktogramm) wird das Bezeichnete (das, wofür das Piktogramm die Stellvertreter-Funktion einnimmt) (wieder)erkannt. Dies kann natürlich nur gelingen – und das kann in der „piktographischen Kommunikation“ mit Fachfremden durchaus von Bedeutung sein –, wenn der Betrachter des Zeichens das Bezeichnete überhaupt kennt. Ist dies der Fall, überwinden Piktogramme fast immer mühelos Sprach- und Kulturbarrieren und sind intuitiv verständlich – und das nicht nur als Wegweiser durch einen modernen Flughafen, sondern schon seit Jahrtausenden: Das chinesische Vielvölker- und -sprachen-Reich wäre ohne eine zumindest teilweise piktographische, von der gesprochenen Sprache unabhängige Schrift (Logographie) nicht über Jahrtausende zusammenzuhalten gewesen[55].

門	火	川	人
Tor	Feuer	Fluss	Mensch

Die Morpheme[56] der chinesischen Logographie unterlagen im Laufe der Jahrtausende einer zuneh-

53 Semiotik: Wissenschaft der Zeichen(systeme) und deren Genese und Gebrauch.

54 Vgl. Linke, Angelika; Nussbaumer, Markus; Portmann, Paul R.: Studienbuch Linguistik. 3., unveränd. Aufl. Tübingen: Max Niemeyer Verlag GmbH. & Co. KG 1996. S. 17-42.

55 Vgl. Bodmer, Frederick: Die Sprachen der Welt. Nachdruck der deutschen Ausgabe von 1955. Köln: Parkland Verlag 1997. S. 251.

56 Morphem: Kleinste bedeutungstragende sprachliche Einheit.

menden Vereinfachung; sehr schön ist dies am Zeichen „Feuer“ zu erkennen, das in der sogenannten „Orakelknochenschrift“ (ca. 1700-1100 v. Chr.) noch deutlich piktographischer wirkte und im Laufe der Zeit stark vereinfacht und an ein neues Schreibwerkzeug (den Pinsel) angepasst wurde[57]:

 [58]

Orakelknochenschrift
1700-1100 v. Chr.

火

Moderne
chinesische Schrift

Neben dieser die Piktogramme vereinfachenden Entwicklung kann man eine „piktographische Pluralbildung“ beobachten, wie sie auch spontan am Flipchart stattfinden könnte:

人

Mensch

众

„viele Menschen“
„[wir] alle“[59]

Es ist also offensichtlich sinnvoll, eine Bildsprache zu verwenden – auch und vor allem in Visualisierungen komplexer technischer Sachverhalte. Mandarin scheint von Kantonesisch auch nicht viel weiter entfernt als die Fachterminologie der IT von den An-

57 Vgl. Leyi, Li: Entwicklung der chinesischen Schrift am Beispiel von 500 Schriftzeichen. Eweiter [sic!] Nachdruck. Peking: Verlag der Hochschule für Sprache und Kultur Beijing 2001.

58 Ebenda, S. 141.

59 Vgl. ebenda, S. 476.

wendern und vor allem auch den kaufmännischen Entscheidern. Gerade letzteren verständlich(er) zu werden, ist in Zeiten einer zunehmenden Bedeutung der IT für den eigentlichen Wertschöpfungsprozess nicht nur für die jährliche Budgetverhandlung entscheidend. Piktogramme können auch bei der Überwindung dieser „Sprachbarriere" helfen: Eine über die Zeit beständige und konsistente Bildsprache[60] hilft bei der Verständigung – insbesondere metaphorische Bilder helfen beim Verständnis abstrakter Sachverhalte.

Sie sollten also für Ihre Visualisierungen eine eigene Bildsprache entwickeln, die Sie konsequent und konsistent in allen Zeichnungen in gleicher Weise verwenden. Die Piktogramme Ihrer Bildsprache sollten möglichst metaphorisch sein und sich an etablierten Metaphern orientieren.

In der IT-Branche existiert eine quasi-standardisierte Bildschrift, an die praktisch jeder gewöhnt ist: Die bei Microsoft Visio mitgelieferten „Shapes" sind d i e piktographische Bilderschrift der IT – wobei die Beziehung hier wechselseitig ist: Einerseits griffen die Entwickler von Visio sicherlich vorhandene Gepflogenheiten auf, andererseits haben Visio-Shapes auch einen normativen Charakter entwickelt und beeinflussen so die Bildsprachen der Branche. Faktisch kann man dies nicht ignorieren – es gilt also, sich in seiner Bildsprache an dieser Normierung zu orientieren und Abwandlungen zu schaffen, die einfach und schnell zeichenbar sind. Unsere „Wörter" müssen sich in Stegreifvisualisierungen bewähren – für vorbereitete Perfektion gibt es Microsoft Visio und PowerPoint. Eine Vereinfachung ähnlich der des Pik-

---

60 Die chinesische Schrift wird seit fünf bis sechs Jahrtausenden verwendet. Vgl. Leyi, Li: a.a.O., S. 1.

togramms für „Feuer" in der chinesischen Schrift macht dies möglich.

Das folgende Kapitel ist der Versuch, Vorschläge für eine solche Sprache zu machen - die sicherlich an die eigenen Bedürfnisse angepasst und erweitert werden müssen.

5.1.1 Wörter einer Bildsprache

Die folgenden Beispiele sind nicht „schön" gezeichnet. Sie dienen unter anderem als Beispiel dafür, dass es nicht notwendig ist, besonders schön oder gut zeichnen zu können, um verständlich zu sein[61]. Die Beispiele sind nicht als „Lexikon einer Bildsprache" zu verstehen, sondern vielmehr als Inspiration und Ausgangsbasis für die Entwicklung einer eigenen Bildsprache - die unter Umständen ja schon aufgrund der jeweiligen technischen Spezialisierung noch vieler weiterer „Wörter" Bedarf. Die einzelnen Piktogramme sind kommentiert, um Hinweise zur Relevanz, zur Semantik und zur metaphorischen Herleitung sowie bei Bedarf zum Zeichnen selbst zu geben und sollen so eine Idee davon vermitteln, was bei der Entwicklung eigener „Wörter" zu beachten sein könnte.

Alle Zeichnungen sind mit einem Karo-Raster unterlegt, das eine relative Skalierung andeuten soll - auf Basis eines typischen Flipchart-Papier-Karos[62] sollte sich eine Flipchart-angemessene Größe ergeben. Es

---

61 Darüber hinaus ist der Verfasser nur sehr begrenzt dazu in der Lage, schön zu zeichnen. Im weiteren Verlauf dieses Buchs wird sich zudem zeigen, dass er auch nicht besonders gut zu fotografieren vermag.

62 Typischerweise ein Karo-Raster von 2,5 cm oder womöglich gar 1" (vgl. S. 27).

empfiehlt sich, das Zeichnen auf kariertem Flipchart-Papier zu üben, um später ggf. auf Blanko-Whiteboards oder -Papier sinnvolle Proportionen wahren zu können.

a) Menschen

Es erstaunt wirklich, wie selten Menschen in einschlägigen IT-spezifischen Visualisierungen auftauchen. IT-Infrastrukturen sind in den allerwenigsten Fällen ein Selbstzweck; in aller Regel dienen sie dazu, Menschen ihre Arbeit zu vereinfachen oder gar erst zu ermöglichen. Eben dieser Sachverhalt manifestiert sich auch zunehmend in den Marketing-Texten der großen Hersteller – eine „Business-Orientierung" der IT kommt ohne den eigentlichen Protagonisten und vor allem auch Nutznießer der Wertschöpfung (den Menschen!) nicht aus. Umso erstaunlicher ist es, dass vor den Endgeräten praktisch aller Visualisierungen kein Mensch sitzt. Menschen werden allerhöchstens in Form eines dürren Strichmännchens als „User"[63], z.B. in Darstellungen von Verzeichnisdiensten, geduldet.

Betrachtet man das Visualisieren als kommunikativen Akt, gilt sicherlich (zumindest in abgemilderter Form) Watzlawicks Hypothese, man könne nicht nicht kommunizieren[64]. Aus linguistisch-semiotischer

63 Die Verwendung des Begriffs „User" für Anwender bzw. Benutzer ist nach Meinung des Verfassers eine Unsitte. Dieser Anglizismus ist zum einen überflüssig – es gibt geeignete und verbreitete deutsche Wörter –, zum anderen betont er nach Auffassung des Verfassers bei der Verwendung im Deutschen die der IT nachgesagte, aber nicht sinnvolle Distanz zum Menschen.

64 Zum sog. „Metakommunikativen Axiom" vgl. Watzlawick, Paul; Beavin, Janet H.; Jackson, Don D.: Menschliche Kommunikation. 12., unveränd. Aufl. Bern: Verlag Hans

Sicht (nach der Kommunikation für die meisten Autoren ein intentionsbehafteter, gerichteter Vorgang ist), erscheint folgende Version der Hypothese pragmatisch sinnvoll: „Es ist unvermeidlich, dass auch unabsichtliches Verhalten als Zeichen genommen und interpretiert wird."[65] Das fehlende Zeichen „Mensch" ist also mit hoher Wahrscheinlichkeit für ihre Zuschauer bedeutungstragend – und selbst, falls es eine Überinterpretation ist, hierin eine Manifestation der den Menschen vergessenden Technikverliebtheit der ITler zu sehen: Ihr Publikum wird es tun. Der Mensch gehört einfach dazu – das fehlende Zeichen hinterlässt eine sichtbare Lücke. Findet der Mensch jedoch Eingang in Ihre Visualisierungen, kann das einen sehr positiven Effekt haben: Ihre Zuschauer finden sich womöglich selbst wieder, identifizieren sich mit den Menschen-Piktogrammen in Ihrer Zeichnung und können so viel einfacher erfassen, was die visualisierte Infrastruktur für sie (oder ihre Kollegen/Mitarbeiter/Anwender) konkret bedeuten könnte. Gerade in der Kommunikation mit nicht-technischen Entscheidern oder Endanwendern kann dies ausschlaggebend sein.

Vergessen Sie den Menschen nicht – auch nicht in Ihren Visualisierungen.

Huber 2011.
65 Linke et al.: a.a.O., S. 29.

Es gibt unterschiedlichste Möglichkeiten, Menschen zu zeichnen – außerhalb der IT ist das Visualisieren von Menschen so bedeutsam, dass gar Monographien dazu existieren[66]. Die sicherlich verbreitetste Möglichkeit, Menschen zu zeichnen, ist das „Strichmännchen" in unterschiedlichsten Varianten:

Strichmännchen haben kaum Fläche, wirken dadurch dürr und kontrastieren stark mit den zumeist flächigen weiteren „Wörtern" Ihrer Bildsprache. Das einzige Element einer Visualisierung, das ebenfalls keine Fläche hat, dürften meistens (Netzwerk-)Verbindungen sein. Kurz: Strichmännchen werden der wichtigen Rolle des Menschen und dem Menschenbild, das der Visualisierende vermitteln sollte, nicht gerecht.

Flächige Visualisierungen von Menschen erscheinen also naheliegender – zum Beispiel als „Kegel-" oder als „Sternmännchen"[67].

---

66 Zum Beispiel Stephan, Ulrich: Menschen grafisch visualisieren: 43 Fragen & Antworten zum Thema grafische Visualisierung. Paderborn: Junfermannsche Verlagsbuchhandlung GmbH & Co. KG 2009.

67 Vgl. Stephan, Ulrich: a.a.O., S. 13.

Kegelmännchen (egal, ob mit dreieckigem oder mit rundem Korpus) sind einfach zu zeichnen und können zudem einfach gruppiert werden:

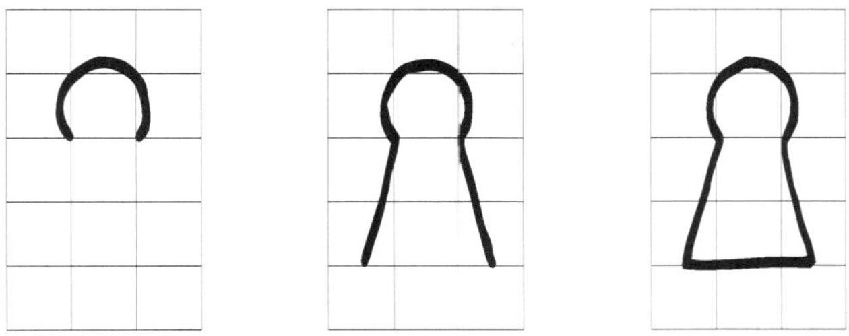

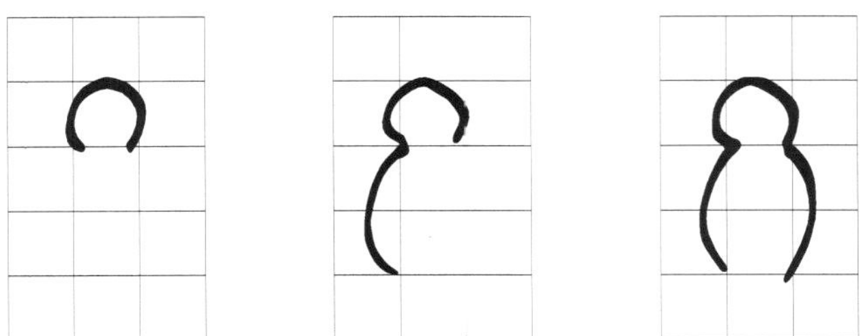

Sternmännchen sind ein wenig schwerer zu zeichnen, ermöglichen aber viel Ausdruck und eignen sich insofern vor allem für Themenbereiche, in denen spezifische Gesten oder gar menschliche Emotionen[68] eine große Rolle spielen:

Flächige Piktogramme haben einen weiteren Vorteil: Sie lassen sich recht einfach kolorieren (z.B. mit Wachsmalstiften oder Ölkreiden – vgl. S. 39), um z.B. unterschiedliche Anwenderkreise oder Ähnliches zu kennzeichnen.

Besteht die Möglichkeit, dass sich Ihr Publikum vor dem Hintergrund anstehender (IT- und/oder Organisations-)Veränderungen ehedem schon wie die sprichwörtliche Figur auf dem Spielfeld fühlt, könnten Kegel diese Assoziation noch stärken; in solchen Situationen erscheinen Sternmännchen sicherlich neutraler.

---

68 Unterschiedlichste Emotionen und Gesten finden sich in Stephan, Ulrich: a.a.O.

Selbst in der IT gibt es talentierte Zeichner – die Verwendung von kompletten Comic-Figuren für technische Visualisierungen erscheint dennoch ablenkend und verschiebt den Schwerpunkt in einer nicht themen- und situationskonformen Weise[69].

b) Daten(bank)

Das andere Ende einer IT-Infrastruktur sind die Daten. Letztlich ist IT-Infrastruktur alles, was sich zwischen Mensch und Daten befindet – und vor allem das, was die Interaktion des Menschen mit den Daten ermöglicht. Folgt man diesem Versuch einer Definition, ist der Stellenwert von Daten in einer Visualisierung quasi zwingend vergleichbar hoch wie der von Menschen.

Die übliche piktographische Darstellung als zylindrische Form trägt für die meisten Menschen in der IT den semantischen Wert „Datenbank" im Sinne strukturierter Daten. Je nach Verwendung innerhalb der Visualisierung kann die Bedeutung aber auch beispielsweise die von „(SAN-)Speicherplatz" („Storage") sein.

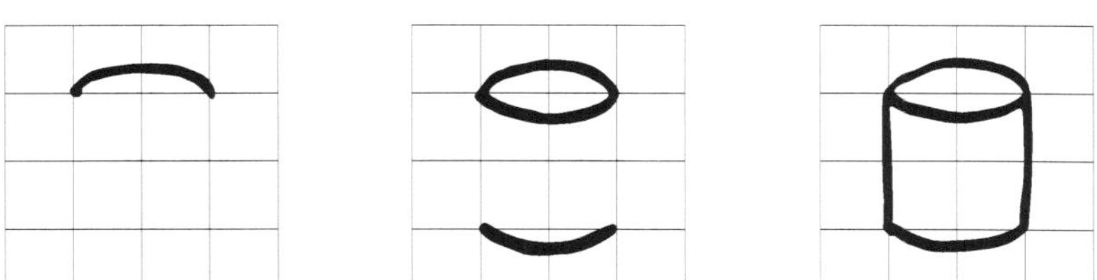

69 Es ist übrigens andererseits durchaus sehr erfolgreich möglich, seine IT-Profession an den Nagel zu hängen und sich vollständig auf das Zeichnen von Comics zu konzentrieren – siehe <http://www.schlockmercenary.com/>.

Ergänzt man das Piktogramm mit einem Server, entsteht etwas, das fast jeder als „Datenbank-Server“ interpretieren würde:

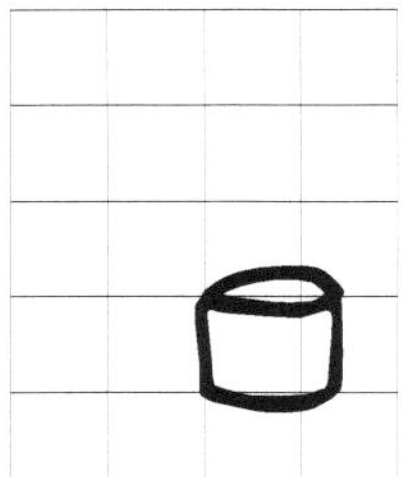
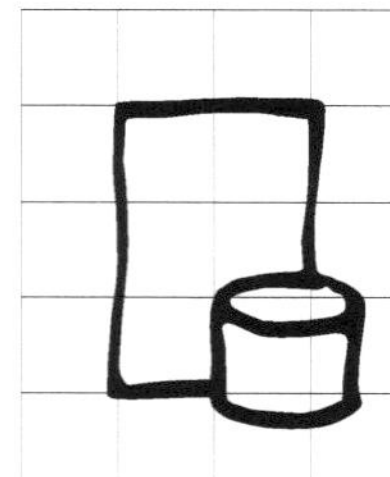

Um strukturierte und weniger strukturierte Daten (und die dazugehörigen Server) auseinanderzuhalten, empfiehlt es sich, ein eigenständiges Piktogramm für „Datei(en)“ und „Datei-Server“ einzuführen.

c) Datei

Als Piktogramm für „Datei“ (im Gegensatz zu „Daten“) erscheint es naheliegend, ein „Dokument“ zu zeichnen[70]. Auf diese Weise ist die Abgrenzung zu strukturierten Daten in einer Datenbank deutlich und eine Verwechslung mit „generischem Speicherplatz“ ausgeschlossen:

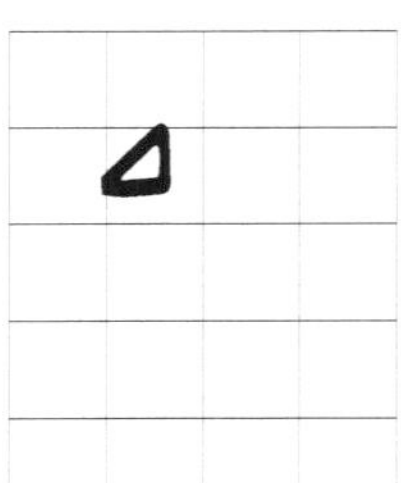
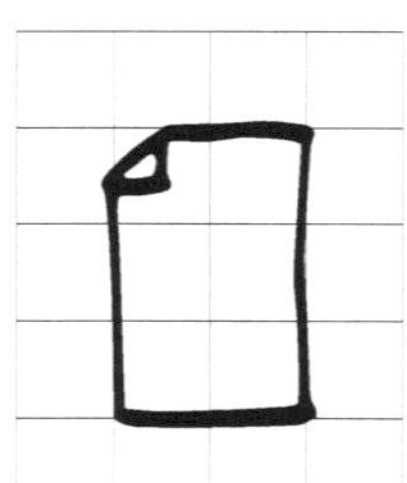

70 Dieses Piktogramm ist eher durch die Benutzeroberfläche moderner Betriebssysteme als durch Microsoft Visio etabliert – eine weitere mögliche Quelle der Inspiration für die Gestaltung von Piktogrammen.

Auch hier ist es recht einfach möglich, das Piktogramm zu einem „Datei-Server“ zu ergänzen:

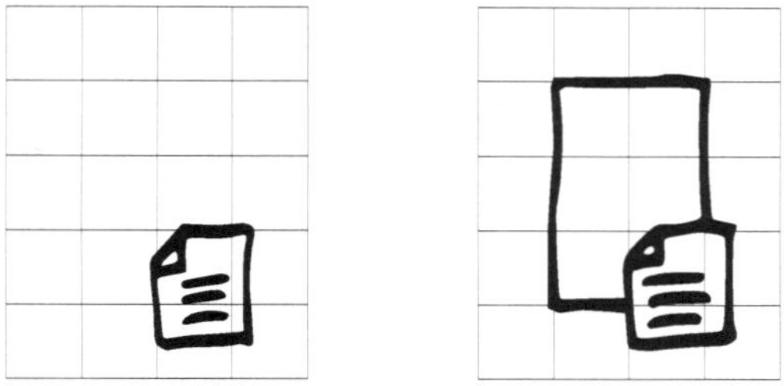

Zu beachten ist, dass die Elemente (das Dokument oder im vorherigen Beispiel die Daten[bank]) „im Vordergrund“ vor dem den Server symbolisierenden Rechteck gezeichnet werden. Durch dieses Vorgehen ist sichergestellt, dass die Linien des Rechtecks nicht aus Versehen durch das Element im Vordergrund hindurchgehend gezeichnet werden.

d) Mail

Dass eine E-Mail als Briefumschlag symbolisiert werden kann, ist vermutlich trivial. Umso erstaunlicher ist es, wie selten das in der Praxis geschieht. Briefumschläge sind sehr einfach zu zeichnen und klar erkennbar:

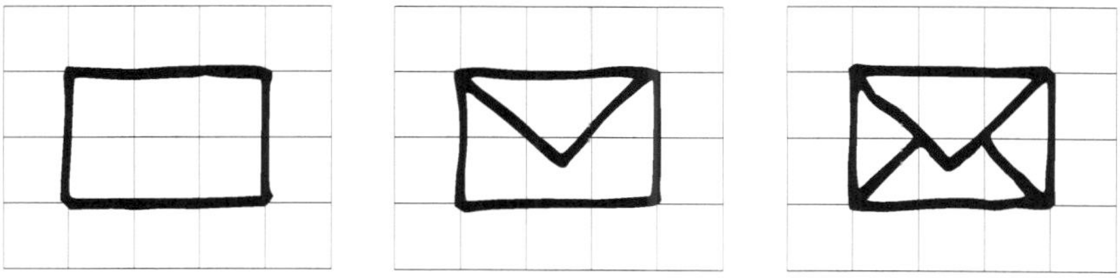

Das Piktogramm kann natürlich ebenfalls zu einem Mail-Server ergänzt werden:

e) (2-Node-)Cluster

Cluster bestehen typischerweise aus zwei (oder mehr) Servern. Einfach zu zeichnen, was der Fall ist, führt fast immer zu klarer Erkennbarkeit:

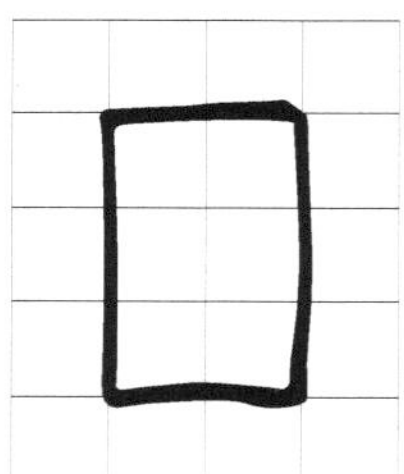 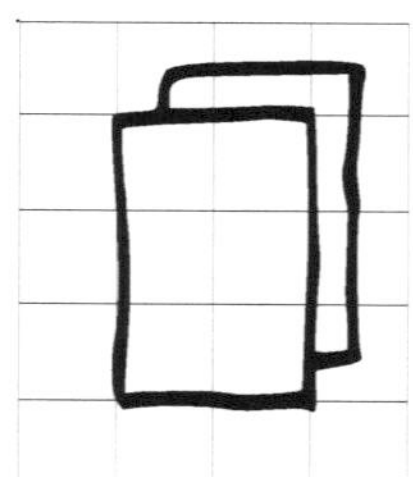

Der Unterschied zwischen Active-Active- und Active-Passive-Clustern lässt sich sehr einfach andeuten – dies ist ein gutes Beispiel dafür, wie gut technisch komplexe Sachverhalte oft extrem einfach eindeutig erkennbar visualisiert werden können:

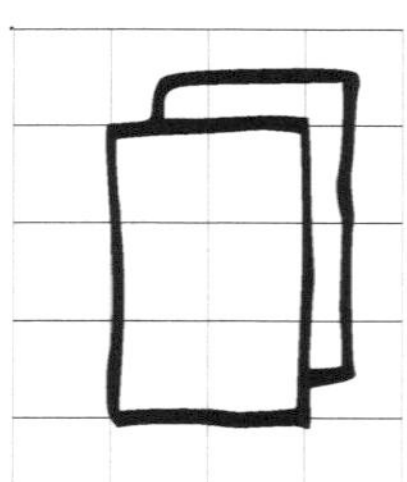

Active/Active

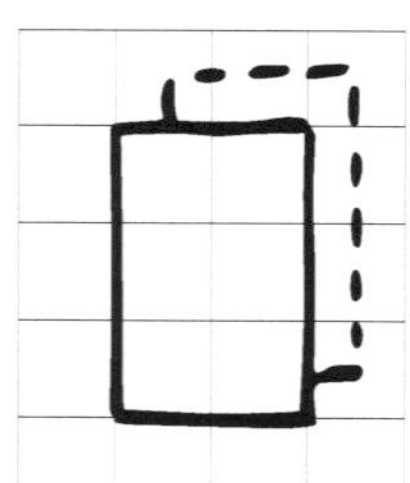

Active/Passive

f) Server-Farm

Die Idee des „Stapelns“ von Server-Systemen lässt sich zu ganzen „Farmen“ erweitern:

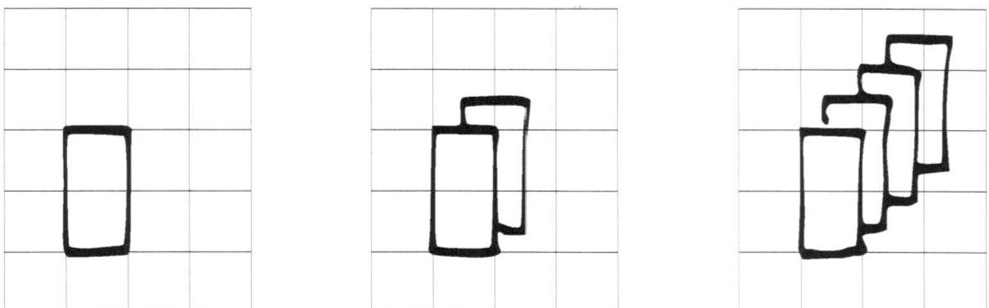

Gerade in Kombination mit anderen Infrastrukturelementen können – so ähnlich wie im Falle der verschiedenen Cluster-Typen – komplexe Zusammenhänge einfach angedeutet werden. Dies zeigt sich im folgenden Beispiel der Server-Virtualisierung.

g) Server-Virtualisierung

Wenn es darum geht, Server-Virtualisierung zeichnerisch klar erkennbar anzudeuten, ist es nicht einfach mit einem Piktogramm getan – letztlich zeichne ich bereits Strukturen, nicht nur Komponenten. Im einfachsten Fall werden die virtuellen (Gast-)Systeme von der (in diesem Fall aus drei Host-Systemen bestehenden) virtuellen Umgebung quasi umgeben:

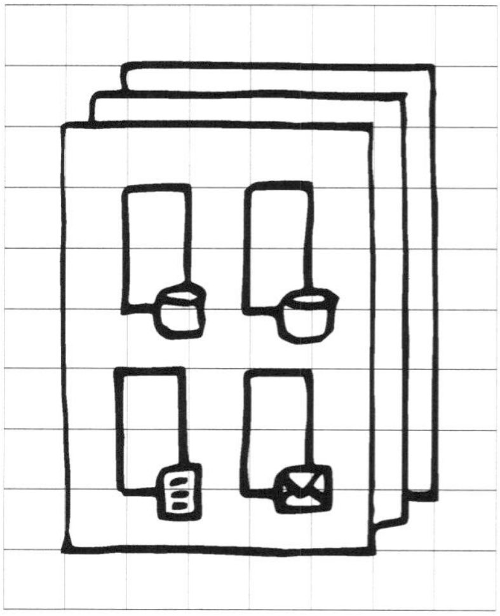

Alternativ dazu deutet man in ähnlicher Weise die Aggregation der Gast-Systeme auf die (hier zwei) Host-Systeme an:

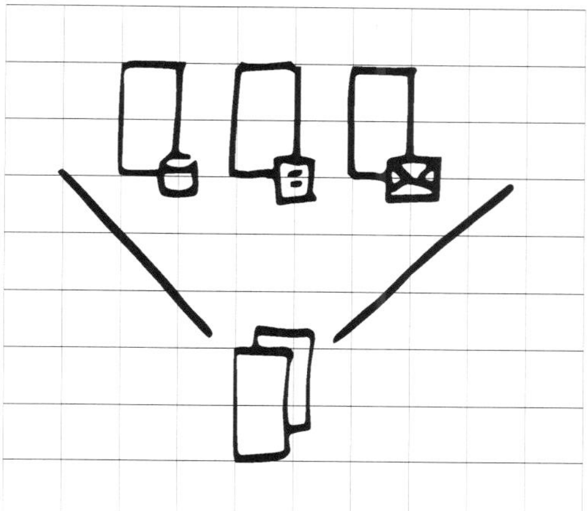

Wichtig ist es, den „Inhalt" – die virtuellen Systeme – zuerst zu zeichnen, um die sie enthaltende virtuelle Infrastruktur sinnvoll skalieren zu können[71]. Zeichnet man anders herum, bleibt „innerhalb" der virtuellen Umgebung oft nicht genug Platz für die einzelnen Systeme.

71 Das ist übrigens fast immer – aber besonders im Zusammenhang mit Server-Virtualisierung – nicht nur auf dem Papier, sondern auch in der Realität so.

h) PC

Die Endgeräte werden, falls sie im Rahmen des Themas der Visualisierung überhaupt eine Rolle spielen, selten vergessen. Oft vergessen wird, dass jedes Endgerät einen Menschen braucht, der es benutzt (vgl. S. 50).

Die Tatsache, dass praktisch jedes Endgerät heutzutage über eine Maus verfügt, macht eine klar erkennbare Visualisierung einfach:

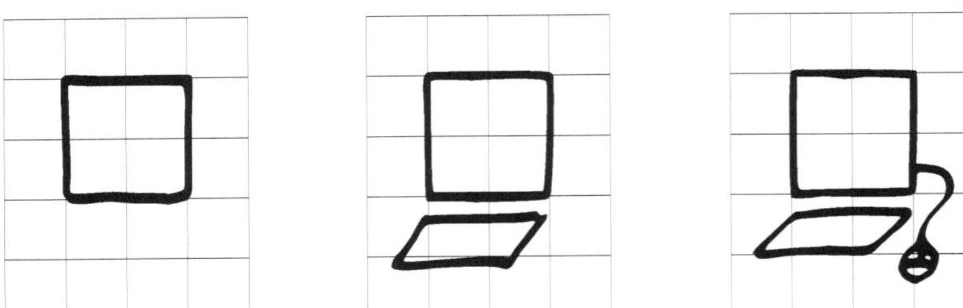

Optional – wenn Zeit dafür bleibt – kann das Piktogramm noch zu einem vollwertigen PC ergänzt werden:

Thin Clients sind in so unterschiedlichen Bauformen erhältlich, dass eine eindeutig erkennbar gegen den „PC“ abgegrenzte Visualisierung leider kaum möglich erscheint. Eindeutig ist es, das Piktogramm mit den Buchstaben „TC“ (einem naheliegenden Akronym, siehe S. 90) zu kennzeichnen.

i) Notebook

Ein erstaunlich großer Teil der Endgeräte, die neu beschafft werden, sind Notebooks. Die meisten dieser Notebooks fristen allerdings ein wenig mobiles Dasein – sie bleiben abends im Büro und dienen letztlich vor allem als Ersatz für einen „klassischen" PC. Zumindest Notebooks, die auch tatsächlich mobil genutzt werden, sollte man dennoch als solche visualisieren, wenn dieser Sachverhalt eine Rolle spielt[72]:

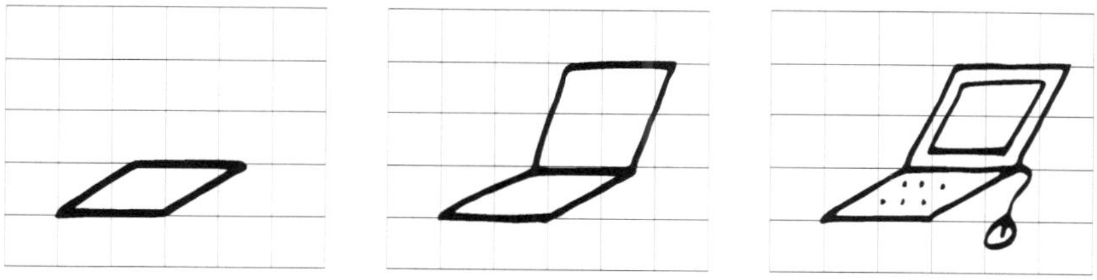

j) Mobile Endgeräte

Formfaktoren, Typen und Fähigkeiten mobiler Endgeräte entwickeln sich derzeit schneller, als sich eine Bildsprache etablieren könnte.

72 Mindestens bezüglich der Perspektive ist hier sicherlich eine bessere Ausführung als die des Verfassers möglich. Insofern kann dieses Piktogramm als Beispiel dafür dienen, dass auch schlecht Gezeichnetes klar erkennbar sein kann – und als Anregung an den geneigten (zeichnerisch begabteren) Leser, es besser zu machen.

Obige Unterscheidung der Bauformen mag noch möglich erscheinen, jedoch reicht diese keineswegs aus: Typ beziehungsweise Hersteller oder zumindest Betriebssystem des jeweiligen Geräts sind meist inhaltlich relevant – und sollten entsprechend durch Beschriftungen in die Visualisierung einfließen.

k) Drucker

Jahrzehntelanger Diskussion über das „papierlose Büro" zum Trotz ist und bleibt der Drucker eine der für die Arbeit der Anwender und damit die Benutzerzufriedenheit relevantesten Komponenten. Diese hohe Relevanz rechtfertigt ganz sicher ein eigenständiges Piktogramm:

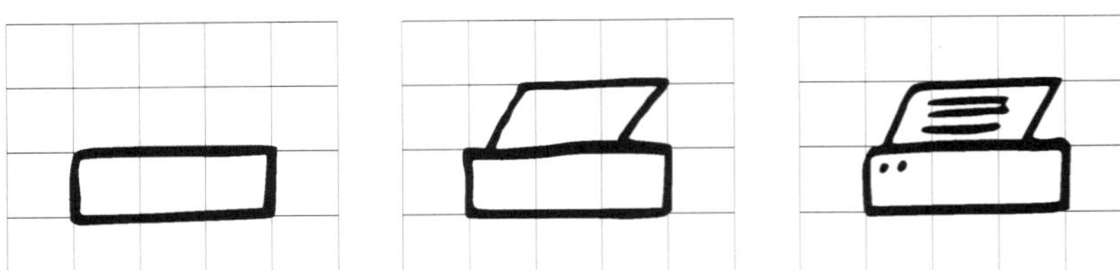

Eine Unterscheidung zwischen unterschiedlichen Druckertypen zu machen, ist z.B. durch die Höhe des Druckerkörpers (in obigem Beispiel ein Karo, zwei Karos könnten z.B. einen Laser-Drucker im Gegensatz zu einem Tintenstrahl-Drucker andeuten) möglich. Falls dies wirklich notwendig ist, dürfte die Information in den meisten Fällen allerdings so wichtig sein, dass man sie eher durch Beschriftung des Piktogramms absolut eindeutig kennzeichnen sollte.

l) Firewall

Firewalls strafen meine Behauptung, es gebe in der IT keine „natürlichen“ Farben (siehe S. 76), Lügen: Firewalls sind ohne Zweifel rot[73] – und sollten auch so visualisiert werden, sofern dies nicht in akutem Widerspruch zur weiteren Verwendung der Farbe Rot in der Visualisierung steht.

Eine gut als solche erkennbare Firewall lässt sich als ein perspektivisch gezeichneter Quader, der mit angedeuteten Mauersteinen versehen ist, visualisieren:

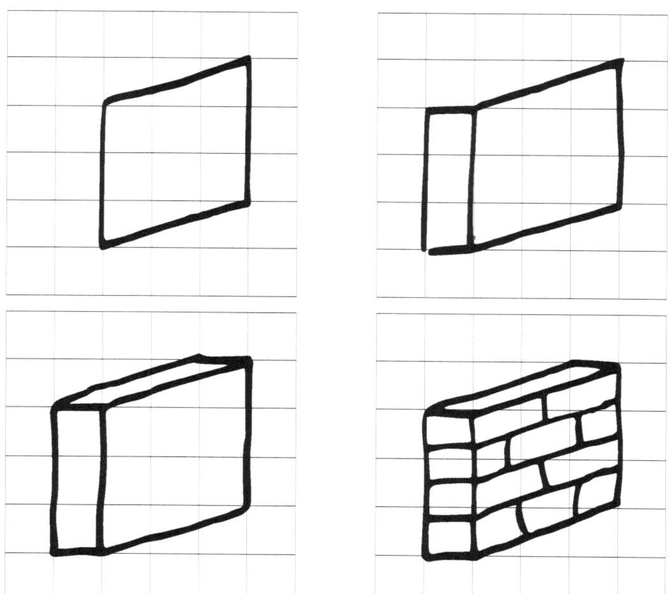

Die Tatsache, dass die Firewall praktisch das einzige häufig verwendete „Wort“ der vorgestellten Bildsprache ist, das perspektivisch gezeichnet wird, ragt heraus – ist aber auch Ausdruck der zentralen (ver-

73 Sei es der roten Ziegelsteine oder des ebenfalls oft zumindest teilweise roten Feuers wegen.

bindenden und trennenden) Rolle dieser Komponente in der Visualisierung.

Wer an der Perspektive scheitert, sehr schnell zeichnen muss oder bewusst nicht perspektivisch zeichnen möchte, kann natürlich auch auf eine Vereinfachung zurückgreifen:

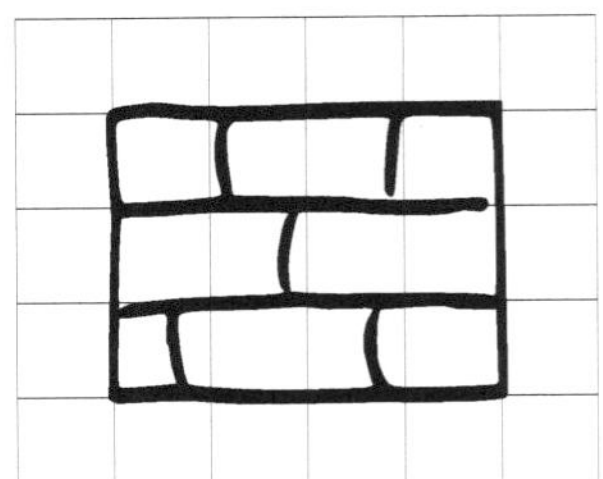

Zumindest in Rot dürfte auch diese Firewall klar als eine solche erkennbar sein.

m) VPN-Tunnel, WAN und Internet

Zum Verständnis eines VPNs ist gerade für nichttechnische Entscheider die Metapher eines abgeschotteten „Tunnels" sehr hilfreich. Diese Metapher kann man wunderbar visualisieren:

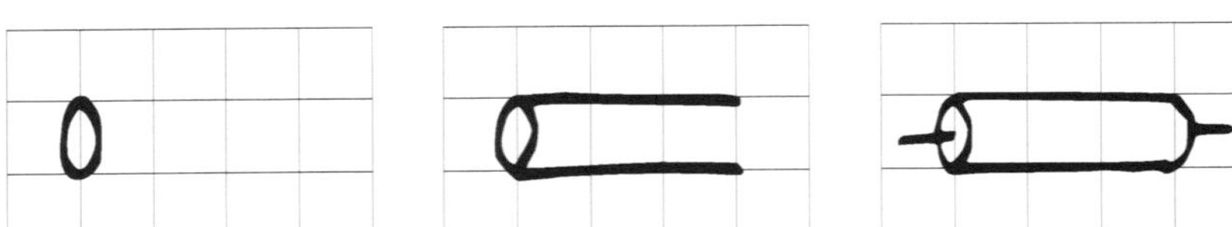

Alternativ zu der runden Öffnung kann man auch – noch näher an der Metapher – eine Art „Tunnelportal" als Öffnung zeichnen:

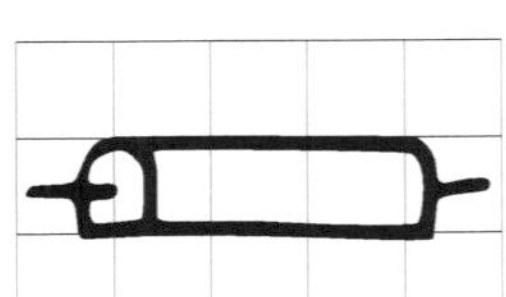

Wolken[74] verwendet man typischerweise, um Netzwerkstrukturen anzudeuten, deren innere Struktur entweder unbekannt oder im jeweiligen Kontext irrelevant ist. Am einfachsten zeichnet man Wolken „zusammengesetzt“ aus vielen einzelnen, sich leicht überlappenden Bögen:

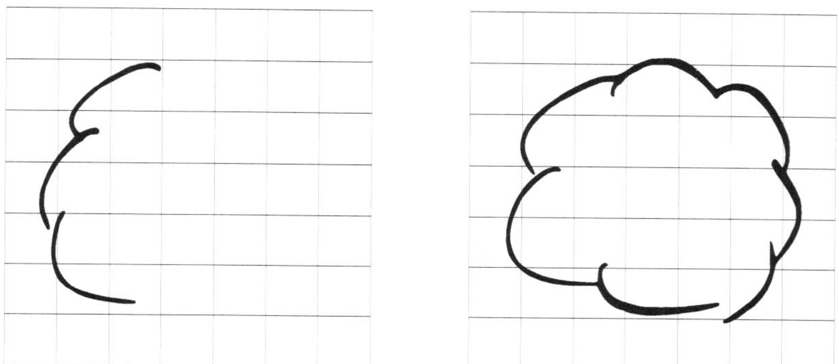

Im Rahmen der Visualisierung von Sicherheitsarchitekturen kann der externe „gefährliche“ Teil der Infrastruktur durch eine entsprechende Metaphorik (z.B. „Gift“, siehe S. 71) angedeutet werden:

74 Wolken werden gerade am Flipchart auch sehr häufig verwendet, um grundsätzlich alle Überschriften zu „umranden“. Dies ist nach Auffassung des Verfassers eine Unsitte, denn jedes Element der Visualisierung sollte bewusst gewählt sein und Bedeutung haben. Es gibt keinen sinnvollen Grund, Wolken um Überschriften zu zeichnen – im Gegenteil: Überschriften sollten auf keinen Fall „wolkig“ sein. Für die zentrale „Überschrift“ einer Mind-Map hingegen ist die Wolke eine sinnvolle Metapher.

Auf den ersten Blick mag dies unangemessen oder gar lächerlich erscheinen, aber gerade dem nichttechnischen Betrachter kann die Eindeutigkeit dieser Metaphorik helfen.

n) Cloud

Als „Cloud" ist die Metapher der „Wolke" zu einem mehr oder minder scharf definierten Fachterminus der IT geworden – die graphische Metapher der gezeichneten Wolke ist natürlich auch dafür gut verwendbar. Die „[...] *bildhafte Sprache* [...]" wird hier ganz unmittelbar „[...] die Geburtshelferin der Bild-Idee [...]"[75]. Analog zur Darstellung der Server-Virtualisierung (vgl. S. 60) können Systeme, die sich in der *public cloud* befinden, von einer Wolke eingerahmt werden. Für Systeme einer *private cloud*, bei der der innere Aufbau der Infrastruktur in der Regel bekannt ist, erscheint eine Darstellung wie die der Server-Virtualisierung sinnvoller. Beide Teile können

75 Schultz von Thun, Friedemann: a.a.O., S. 11. Herv. i. O. Dies wird mit zunehmendem Einfluss des Marketings auf die Fachterminologie häufiger werden und vieles einfacher machen: Metaphorische Begriffe (z.B. „Cloud") sind unkomplizierter eindeutig erkennbar zu visualisieren als abstrakte Begriffe (z.B. „Virtualisierung").

durch Verbindungen (siehe S. 73) zu einer *hybrid cloud* verbunden werden.

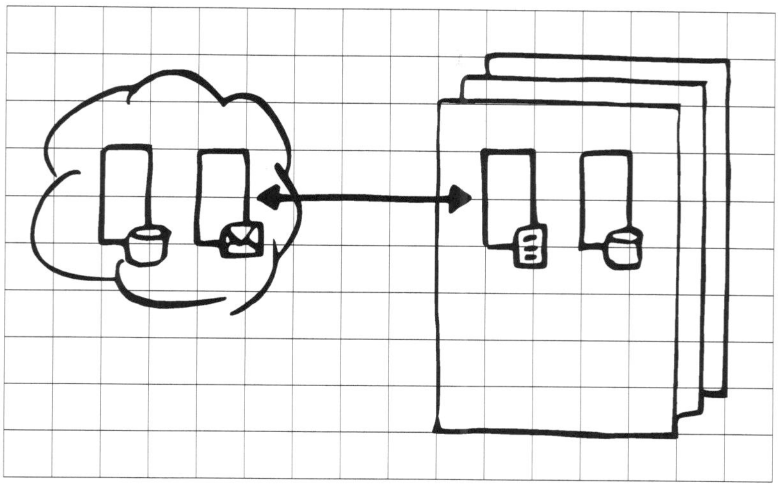

o) Weitere Netzwerkkomponenten

Microsoft Visio prägt die Bildsprache großer Teile der IT-Infrastruktur, kennt jedoch erstaunlich wenig „Wörter“ für Netzwerkkomponenten. Prägend ist hier ohne Zweifel schon allein aufgrund der Verbreitung die Bildsprache der Firma Cisco[76]:

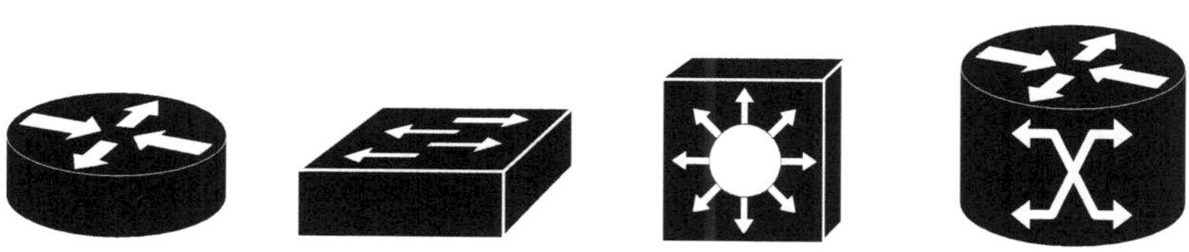

Router

Workgroup Switch

Layer 3-Switch

Gigabit Switch Router

---

76 Hunderte Piktogramme für verschiedene sowohl generische als auch stark herstellerspezifische Komponenten finden sich frei verfügbar unter <http://www.cisco.com/web/about/ac50/ac47/2.html> (8. Mai 2012).

Im Mai 2012 enthielt die Symbol-Bibliothek 308 unterschiedliche Piktogramme. Diese Anzahl distinktiver Piktogramme dürfte selten inhaltlich notwendig und vor allem (insbesondere von Hand gezeichnet) kaum klar unterscheidbar sein. Für die Nutzung in Stegreifvisualisierungen sollten diese Piktogramme stark vereinfacht und in ihrer Anzahl massiv begrenzt werden.

Piktogramme müssen unterscheidbar, inhaltlich klar erkennbar und einfach zeichenbar sein. Ist dies nicht machbar, sollte man pragmatisch auf „beschriftete Kästen" zurückgreifen: ein Rechteck[77] zeichnen und die Bezeichnung der Komponente hineinschreiben. In den meisten Umfeldern nutzbar sind (neben den Komponenten von S. 65 bis 69) vermutlich folgende einfache Piktogramme:

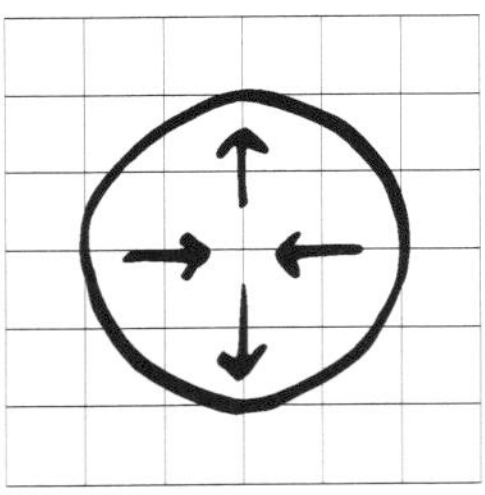

Router[78]

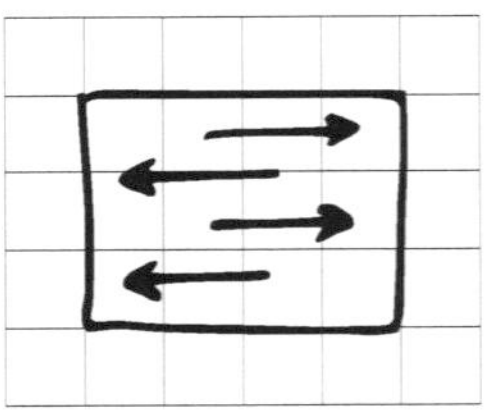

Switch

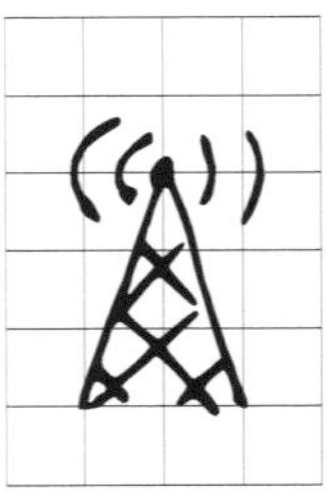

WLAN
Access Point

Ist der Netzwerk-Aspekt eher peripherer Natur oder der Zuschauerkreis nicht tiefer in Netzwerkthemen involviert (und sind dementsprechend obige Pikto-

77 Praktisch alle Netzwerkkomponenten sind im Querschnitt rechteckig – zumindest dieser Aspekt sollte sich in der Visualisierung wiederfinden. In der Hoffnung, die Beschriftung wäre für die Erkennbarkeit ausreichend, einfach Quadrate oder Kreise zu zeichnen, erscheint unnatürlich.

78 Kreise sind nicht einfach zu zeichnen. Praktisch jede noch so kleine Abweichung fällt auf – wie auch in diesem Beispiel deutlich zu erkennen. Übung hilft auch hier.

gramme auch nicht gängig), ist es oftmals doch praktischer, einfach Rechtecke z.B. mit „(FC-) Switch“, „Router“ oder Ähnlichem zu beschriften. Beschriftete Rechtecke sind zwar nicht schön, auf jeden Fall aber klar verständlich – und eben das ist entscheidend.

p) Sonstiges

Hat man sich erst einmal daran gewöhnt, Piktogramme in einer bestimmten, jeweils eingeübten Weise zu zeichnen, sind die Möglichkeiten auch für den zeichnerisch weniger begabten Visualisierenden fast grenzenlos – ebenso wie das Repertoire an eingeführten Piktogrammen auf Basis von Comics, Warn- und Verkehrszeichen und vielem mehr:

Viele dieser Piktogramme sind auch in oder zumindest am Rande von technischen Visualisierungen gut zu verwenden[79].

79 Ideen (aber leider keine Zeichenanleitungen für den zeichnerisch Unbegabten) liefern kann hier z.B. der „bikablo“ der Firma Neuland GmbH & Co. KG (http://www.neuland.com/).

5.1.2 Verbindungen

Die einzelnen Elemente einer Visualisierung können auf verschiedene Weise zueinander in Beziehung stehen: durch die räumliche Anordnung (Position, Nähe – Distanz, Gruppierung, Verschmelzung, Umrandung[80]) oder durch Verbindungen.

Verbindungen werden durch Linien, die Elemente verbinden, dargestellt. Hierbei sind unterschiedliche Varianten möglich, deren naheliegende und durch unzählige Diagramme bereits eingeführte Semantik man einheitlich verwenden sollte:

- Einfache Linien deuten typischerweise eine inhaltlich bidirektionale oder in ihrer Richtung nicht relevante Verbindung an.
- Linien mit einem Pfeil deuten die (Haupt-) Richtung einer Kommunikation oder wie auch immer gearteten Bewegung oder Übertragung an:

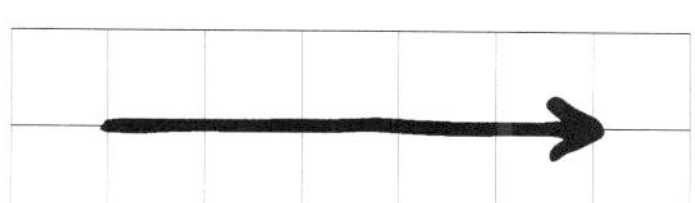

- Linien mit Pfeilen an beiden Enden stellen explizit relevante Bidirektionalität dar:

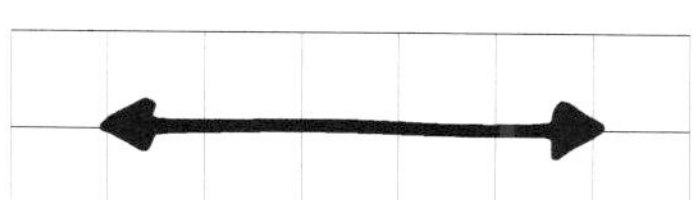

Pfeile sind ikonische Zeichen (vgl. S. 46), deren Beziehung zum Bezeichneten zumindest hinsichtlich eines Punktes ausgesprochen eindeutig ist: Eine Pfeilspitze mehr oder weniger

80 Zum Beispiel Mail-, Datenbank- und Datei-Server.

macht womöglich für die Bedeutung der gesamten Visualisierung einen entscheidenden Unterschied. Setzen Sie Pfeilspitzen mit Bedacht ein, jede Spitze sollte auch wirklich eine „Richtungsbedeutung“ haben.

- Pfeilspitzen als ein komplettes (falls die Zeit ausreicht: ausgefülltes) Dreieck und nicht nur als ein „V“ am Ende der Linie zu zeichnen, diszipliniert den Zeichnenden, auch in der Hektik einer spontanen Visualisierung eine halbwegs symmetrische Spitze zu zeichnen:

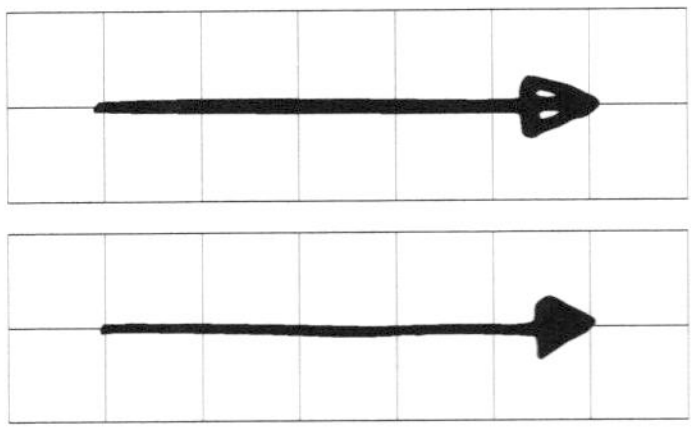

- Gestrichelte Linien verwendet man meist für vorläufige, künftige oder anderweitig zeitweilige Verbindungen.

  Linien lassen sich am Whiteboard sehr einfach stricheln, indem eine durchgezogene Linie gezeichnet wird und anschließend mit dem Finger Unterbrechungen gewischt werden.

- (Kommunikations-)Verbindungen können und sollten – wann immer möglich – beschriftet oder mit Piktogrammen versehen werden, um den Inhalt und/oder z.B. das verwendete Protokoll (angedeutet durch Abkürzungen wie „DNS“, siehe S. 90, z.B. auf S. 105) zu kennzeichnen:

- Zu guter Letzt können Verbindungen natürlich noch unterschiedliche Farben haben. Farben sind das entscheidende Merkmal, an dem man verschiedene (ja ansonsten eindimensionale) Linien unterscheiden kann – was unterschiedlich ist, sollte also auch eine (einheitlich verwendete, siehe S. 76) unterschiedliche Farbe erhalten.

Die einzelnen Elemente mit Strichen oder Pfeilen zu verbinden ist häufig der letzte Akt des Visualisierens – aber eben der entscheidende; lassen Sie sich auf der Zielgraden nicht zu Ungenauigkeiten verleiten! Verbindungen sind der primäre Weg, die „Wörter“ der Bildsprache (die Piktogramme) zu ganzen „Sätzen“ zu verbinden. Sie sind somit ein wesentliches Element der „Dramaturgie“ (siehe S. 97) einer Visualisierung als Prozess.

5.2 Farbe

Farbe ist die dritte Dimension Ihrer ansonsten ja zweidimensionalen Zeichnung. Neben der eigentlichen Zeichnung ist Farbe also Ihr zweites visuelles Ausdrucksmittel – Farbe keine Bedeutung zu geben, hieße, eine Chance zur verbesserten Vermittlung nicht zu nutzen.

In der Literatur zu Visualisierungsthemen findet sich oft der Hinweis, Farben sollten natürlich und mit Bedacht[81] verwendet werden. Bäume sind also grün, die Sonne gelb und Wasser blau. Ungünstigerweise haben Bits und Bytes ebenso wenig eine Farbe wie Ethernet oder Fibre Channel. So etwas wie eine „Natürlichkeit" im weiteren Sinne gibt es nur in seltenen Ausnahmefällen – Novell-Produkte und Firewalls (vgl. S. 65) sind z.B. ohne Frage rot.

Einsatz „mit Bedacht" ist natürlich dennoch möglich: Farbe sollte etwas Wichtiges bedeuten, z.B. den Typ des Netzwerkmediums oder Ähnliches. Dinge, die sich nicht relevant unterscheiden, sollten in derselben Farbe gezeichnet werden. Ziel ist es nicht, eine möglichst bunte, sondern eine möglichst verständliche Visualisierung zu zeichnen. Ist das bereits mit nur einer Farbe möglich und sinnvoll, sind zwei Farben eine Farbe zu viel.

---

81 Schon James Pillans, einer der Urväter des Visualisierens (vgl. S. 15), riet vor rund 150 Jahren zu „[...] chalks of a colour appropriate to the object delineated, – green for the hills, light blue for the rivers, pink or any distinct colour for the towns [...]" („[...] Kreide von einer für das skizzierte Objekt angemessenen Farbe – Grün für die Berge, Hellblau für die Flüsse, Pink oder irgendeine [andere] eindeutige Farbe für die Städte [...]"; Übersetzung des Verfassers) (Pillans, James: a.a.O., S. XXXI).

Als Ersatz für die erwähnte „Natürlichkeit" hilft es, Standards zu etablieren: Zeichnet man Ethernet in Rot, so sollte man dies immer tun – idealerweise organisationsweit und vor allem für immer. Konsistenz – auch über lange Zeiträume hinweg – etabliert einen Quasi-Standard, der allen das Verständnis der jeweiligen Visualisierung erleichtert. Klare Farbassoziationen sind in der IT leider erstaunlich selten[82] – außerhalb der IT werden auch nicht unmittelbar farbige Dinge wie politische Parteien oder Fußballmannschaften oft sehr klar mit spezifischen (Kenn-)Farben assoziiert. Hier gilt es, durch konsistente Verwendung von Farben zumindest innerhalb des eigenen Umfelds einen Ersatz zu etablieren.

Farben sind *symbolische Zeichen (Symbole)* ihrer Bildsprache. Symbole im semiotischen Sinne zeichnen sich dadurch aus, dass ihnen ihre Bedeutung auf dem Wege der Konvention zugesprochen wird[83]. Die jeweilige Konvention ist nicht zwangsläufig universell: So sind Briefkästen in Deutschland an ihrer gelben Farbe eindeutig erkennbar, wohingegen man in Norwegen nach roten Kästen Ausschau halten muss. Möchten Sie bezüglich der Farben innerhalb des Kollegen- oder Kundenkreises die Bildung womöglich stark divergierender Idiolekte[84] vermeiden, sollten Sie sich innerhalb ihres Wirkungskreises mit anderen Visualisierenden absprechen – Konventionen schaffen.

---

82 Die beteiligten Hersteller ändern größtenteils (bis auf beispielsweise die bereits erwähnte Firma – mittlerweile Marke – „Novell") leider ihr „Corporate Design" auch viel zu häufig, um klare Assoziationen zu etablieren.

83 Vgl. Linke et al.: a.a.O., S. 22.

84 Idiolekt: Individuelle Sprache eines spezifischen Menschen.

Neben der „Natürlichkeit“ der Farben gibt es noch sozialisationsbedingte[85] Assoziationen zu Farben. Einige dieser Assoziationen sind für Visualisierungen relevant und sollten beachtet werden:

- Rot ist eine „Warnfarbe“ (Blut, Feuer) und wird mit „Nein“, „aus[geschaltet]“, „Achtung“, „Stopp“, „falsch“ (als „Korrekturfarbe“ in der Schule) und vergleichbaren Alarmierungen oder Negationen assoziiert.

- Grün ist meist eher positiv assoziiert z.B. mit „alles OK“ (im Sinne von „im grünen Bereich“), „weiter [gehen]“ (im Sinne einer Ampel) und Wachstum (von Pflanzen)[86].

- Blau ist in Bezug auf das Thema Visualisierung die Farbe des Füllfederhalters und damit der (Hand-)Schrift.

- Schwarz ist im westlichen Kulturkreis häufig mit Tod und Trauer assoziiert[87].

Wenn auch diese Assoziationen bei technischen Visualisierungen in den Hintergrund treten, sollte man

---

85 Die erwähnten Farbassoziationen sind keinesfalls absolut, sondern lediglich für den christlich/europäisch sozialisierten Betrachter üblich. In anderen Kulturen haben Farben potentiell andere (oft auch religiös geprägte) Bedeutungen. Die Tatsache, dass Pflanzen in der Regel grün sind und menschliches Blut immer rot ist, mag universell sein. Viele andere Assoziationen sind jedoch eher im Bereich einer kulturell bedingten Farbsymbolik im semiotischen Sinne als einer universellen Farbpsychologie zu verorten, kulturbedingte Assoziationen überlagern oft die universellen. Nach Erfahrung des Verfassers sind zudem viele Veröffentlichungen zur Farbpsychologie nur wenig mit Belegen versehen und teilweise hochgradig metaphysisch.

86 Grün kann aber in ein- und demselben Kulturkreis auch

nicht komplett gegenteilige Semantiken zu etablieren versuchen: Die Netzwerkverbindungen einer Firewall z.B. auf der „ungeschützten" Seite grün und auf der „geschützten" rot zu zeichnen, wird beim Betrachter auf „inneren Widerstand" stoßen.

Wenn Farbe bedeutungstragend oder zumindest -unterscheidend sein soll, müssen die verwendeten Farben klar unterscheidbar sein. Zudem muss der Kontrast zum mehr oder minder weißen Hintergrund hinreichend hoch sein, um die Zeichnung bei den gegebenen (möglicherweise ja alles andere als idealen) Licht- und Sichtverhältnissen und manchmal recht geringer Linienbreite noch erkennen zu können. Nicht zuletzt sollte die Farbwahl dann auch noch vor dem Hintergrund einer späteren Dokumentation per Fotoprotokoll (siehe S. 112) erfolgen.

Die Farbkombinationen von im Handel verbreiteten Stift-Sets erscheinen vor dem Hintergrund obiger Kriterien gut verwendbar: Rot, Grün, Schwarz und Blau. Die letzteren beiden Farben sind zwar schwer unterscheidbar, haben jedoch beide ihre Berechtigung: Einen längeren Text schreiben sollte man in Blau, zeichnen in Schwarz – so verteilen sich Abnutzung und Verbrauch gleichmäßig auf die dann gemeinsam am häufigsten verwendeten Farben. Kurze Beschriftungen einzelner Piktogramme sollten dennoch immer in der Farbe des jeweiligen Piktogramms ausgeführt werden – hier grundsätzlich Blau für Schrift zu verwenden, stiftet mangels in-

---

mit „giftig" assoziiert werden – Farbsymbolik scheint nicht immer widerspruchsfrei zu sein und manifestiert sich oft auch sprachlich („giftgrün").

87 In einigen asiatischen Kulturkreisen wird der Tod beispielsweise oft mit Weiß assoziiert.

haltlicher Bedeutung des Farbwechsels Verwirrung (siehe S. 98).

Die Verwendung weiterer Farben gestaltet sich tatsächlich schwierig:

- Gelb ist auf Flipchart-Papier und dem Whiteboard oft praktisch gar nicht zu erkennen.
- Orange ist meist nur schwer von Rot zu unterscheiden.
- Lediglich Violett kontrastiert noch ausreichend gegen Rot und Blau, um zumindest am Whiteboard als unterscheidbare Farbe verwendbar zu erscheinen. Auf Flipchart-Papier wirkt Violett oft wie Blau und ist damit ebenfalls ungeeignet.
- Am Whiteboard wirken Farben häufig „leuchtender" und kontrastieren stärker, selbst Gelb scheint verwendbar – jedoch nur für den Visualisierenden, der direkt vor dem Medium steht. Spätestens im Fotoprotokoll bemerkt man den zu niedrigen Farbkontrast – sofern nicht bereits früher ein weiter entfernt sitzender Betrachter auf die schlechte Sichtbarkeit von Teilen der Visualisierung aufmerksam gemacht hat.
- Die für umfangreiche Visualisierungen wie Visual Facilitation[88] und vergleichbare Techniken üblichen Pastelltöne dienen genauso wie unterschiedliche Töne z.B. von Blau eher der Ästhetik als der Sicht- und Lesbarkeit.

---

88 <http://ifvpcommunity.ning.com/>.

Werden also tatsächlich häufig mehr als drei erkennbar unterschiedliche Farben benötigt, empfiehlt es sich, das Standard-Vier-Farben-Set mit einem violetten Stift zu ergänzen.

Zu beachten ist, dass selbst Rot und Grün gerade bei nicht idealer Beleuchtung nicht zwangsläufig von jedem Menschen unterscheidbar sind: Rund 8% der männlichen, jedoch weniger als 1% der weiblichen Bevölkerung weisen eine mehr oder minder ausgeprägte angeborene Rot-Grün-Sehschwäche (Dyschromatopsie) auf[89]. Da wir in der IT unter einem notorisch niedrigen Frauenanteil leiden und an vielen Besprechungen ausschließlich Männer teilnehmen, ist die Wahrscheinlichkeit, jemanden mit Rot-Grün-Sehschwäche im Auditorium zu haben, fast doppelt so hoch wie in Branchen mit einem ausgeglichenen Geschlechterverhältnis. Rot und Grün weisen allerdings einen optimalen Farbkontrast auf, auf diese Kombination zu verzichten, scheint also eher unangemessen. Wichtig ist dennoch, darauf gefasst zu sein, dass einzelne Teilnehmer den Unterschied gar nicht oder nur schlecht sehen.

89 Vgl. Wörterbuch-Redaktion des Verlages: Pschyrembel Klinisches Wörterbuch. 259., neu bearb. Aufl. Berlin: de Gruyter, 2002. S. 505.

5.3 Schrift

Ebenfalls bemerkbar macht sich das unausgeglichene Geschlechterverhältnis in der IT beim Thema Schrift. Viele werden sich aus der Schulzeit erinnern: Mädchen haben in der Regel eine deutlich lesbarere und als ästhetischer empfundene Handschrift als Jungen – und legen im Gegensatz zu Jungen auch Wert darauf. Das, was ein Junge einem Mädchen in das Poesiealbum „krakelt", führt auch in heutigen (digitalen) Zeiten noch zu Entsetzen und mancher Träne bei der Besitzerin des nunmehr verunstalteten Albums. Eine lesbare Schrift ist quasi „unmännlich".

Auf dem Weg vom Jungen zum mehr oder minder erwachsenen IT-Experten ändert sich das Schriftbild nicht unbedingt zum Positiven – allein schon mangels Übung: Mit der Hand zu schreiben ist allerhöchstens etwas für (nur knapp les- und damit bewertbare) Klausuren, alles andere wird gerade von künftigen IT-Experten am Computer geschrieben. Das Ergebnis liegt auf der Hand: Die Handschriften der meisten ITler sind kaum lesbar und werden als unästhetisch wahrgenommen – nicht gerade die optimale Grundlage für eine professionelle Visualisierung. So wie ein extrem nuschelnder Referent in einem Vortrag unprofessionell (wenn nicht gar unbeteiligt oder das Publikum nicht würdigend) wirkt, ist eine unleserliche Handschrift ebenfalls fast ein Affront gegenüber den Betrachtern.

Basis für eine professionelle Visualisierung ist also unter anderem eine lesbare und halbwegs ästhetische Handschrift – genau darum geht es in diesem Kapitel. Besser wird die Handschrift nicht dadurch, dass man sich „zusammenreißt" oder „Mühe gibt", besser wird die (Flipchart-)Handschrift durch eine gute Stifthaltung und die Einhaltung einiger Regeln – und natürlich durch Übung!

5.3.1 Stift und Stifthaltung

Zum Schreiben sollte, wenn irgend möglich, immer ein Stift mit *Keilspitze* verwendet werden; Stifte mit Rundspitze sind vor allem zum Zeichnen geeignet.

Marker mit Keil- und Rundspitze; Quelle: Legamaster

Ein sehr großer Teil des professionellen Schriftbildes entsteht dadurch, dass diese Keilspitze eingesetzt wird, um einen quasi-kalligraphischen Effekt zu erzielen:

Schreiben mit Keilspitze; Quelle: Legamaster

Hält man den Stift wie abgebildet, endet jede einzelne Linie mit einem schrägen (idealerweise 20-45°-) Winkel:

Quelle: Verfasser

Wichtig für diesen „Kalligraphie-Effekt" ist es, die Stifthaltung beizubehalten, die Orientierung des

Stiftes während des Schreibens nicht zu ändern und immer die komplette lange Kante des Keils auf dem Papier aufliegen zu lassen. Der Stift darf sich nicht in der Hand drehen, sondern muss wie bei einem Stiftplotter immer in der selben Haltung über das Papier bewegt werden – der schräge Winkel muss erhalten bleiben. Beherzigt man dies, ergeben sich praktisch von allein deutlich schönere Buchstaben[90]. Verwendet man hingegen Stifte mit Rundspitze, entfällt der „Kalligraphie-Effekt" und das Schriftbild wirkt selbst mit viel Mühe noch unbeholfen:

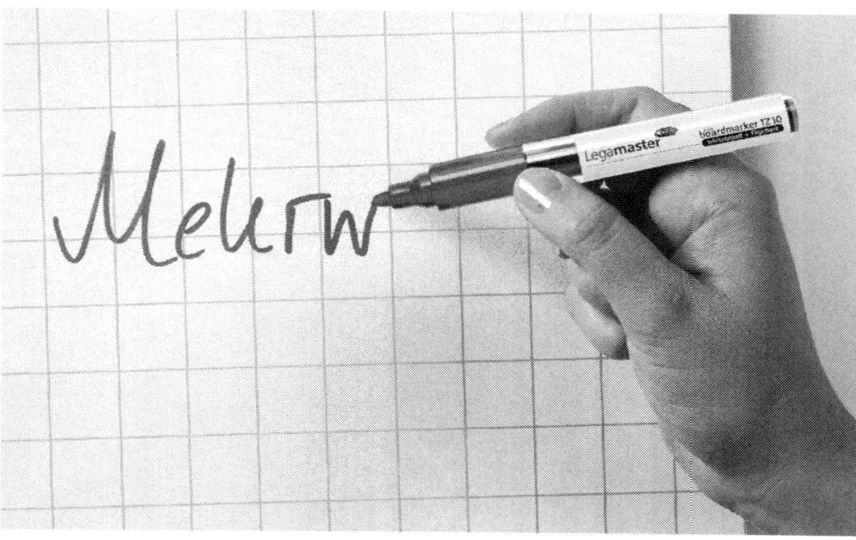

Schreiben mit Rundspitze; Quelle: Legamaster

90 In diesem Buch wird beispielhaft mit freundlicher Genehmigung der Firma Neuland GmbH & Co. KG (http://www.neuland.com/) deren frei verwendbare Schriftart verwendet.

ABCDEFGHIJKLMNO

PQRSTUVWXYZÄÖÜ

abcdefghijklmno

pqrstuvwxyzäöüß

Moderationsschrift; Quelle: Neuland

5.3.2 Schriftbild

- Schreiben Sie immer in Groß- und Kleinbuchstaben – würde die Groß-/Kleinschreibung die Lesbarkeit nicht enorm erhöhen, wäre sie schon abgeschafft. Viele Akronyme[91] in der IT werden leider ausschließlich aus Großbuchstaben (sogenannten „Majuskeln" oder „Versalien") gebildet – daran können Sie natürlich nichts ändern. Durch den hohen Bekanntheitsgrad der jeweiligen Akronyme ist die Lesbarkeit ehedem weniger relevant. Besteht eine Abkürzung allerdings aus Groß- und Kleinbuchstaben, ist diese Unterscheidung in der Regel bedeutungstragend[92] und sollte nicht ignoriert werden.

- Schreiben Sie „gedrängt" (mit geringer Laufweite). Je geringer die Abstände zwischen den Buchstaben sind, desto geringer sind auch die Schwankungen dieser Abstände, die das Schriftbild ungleichmäßig aussehen lassen und damit die Lesbarkeit beeinträchtigen können.

- Schreiben Sie ohne Serifen (französisch „Füsschen" – die kleinen Querstriche, die die eigentlichen, den jeweiligen Buchstaben bildenden Linien am Ende abschließen; in der folgenden Abbildung auf der linken Seite schwarz gefüllt). Je einfacher Sie die Buchstaben gestalten, desto besser und gleichmäßiger lassen sie sich schreiben.

---

91 Akronym: Aus den Anfangsbuchstaben mehrerer Wörter gebildete Abkürzung.

92 Sehr häufig im „Verwaltungsdeutsch", beispielsweise „MwSt." oder z.B. „EGGenTDurchfG".

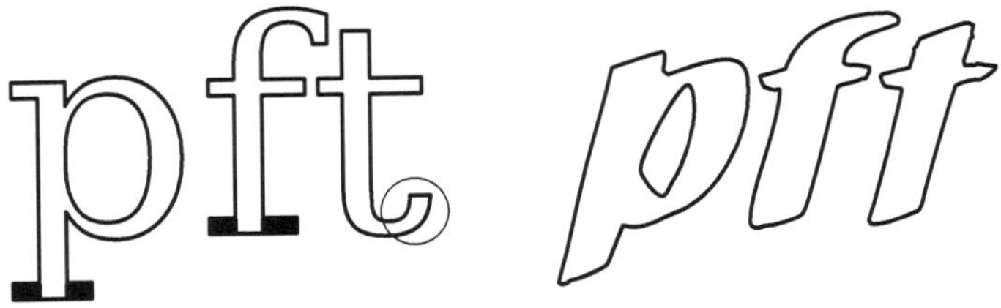

Quelle: Verfasser

- Vereinfachen Sie die Buchstaben soweit wie möglich – ein „t“ benötigt den Bogen am unteren Ende (den sogenannten „Schweif“, in der Abbildung eingekreist) nicht, ein „f“ hingegen braucht den Bogen am oberen Ende, um erkennbar zu sein (rechts).

- Schreiben Sie „zusammengesetzt“: Der grade Strich (der „Stamm“, in der unten stehenden Abbildung ungefüllt) z.B. vom kleinen „a“ oder „b“ sollte zuerst geschrieben werden, die Rundung (der „Bauch“, in der Abbildung schwarz gefüllt) anschließend. Auch ein „o“ sollte aus zwei Bögen zusammengesetzt werden. Die Buchstaben „in einem Rutsch“ zu schreiben, ist motorisch viel anspruchsvoller, den Stift neu anzusetzen und „zusammengesetzt“ zu schreiben, gelingt einfacher und besser:

Quelle: Verfasser

- Sparen Sie an Ober- und Unterlängen. Auch hier gilt: Je kürzer die einzelne Ober- oder Unterlänge ist, desto geringer ist auch die

Schwankungsbreite zwischen den Ober- und Unterlängen – das Schriftbild wirkt so gleichmäßiger.

Quelle: Verfasser

Schreiben Sie in einer dem Stift angemessenen Größe. Mit einem Flipchart-Stift „normaler" Größe sollten die Kleinbuchstaben in etwa ein Flipchart-Karo (2,5 cm) groß sein, mit dem Stift „großer" Größe in etwa zwei Karos. Großbuchstaben sollten jeweils nur geringfügig größer sein (vgl. S. 38):

Quelle: Verfasser

Praktisch niemand ist dazu in der Lage, im Rahmen einer spontanen Visualisierung während eines Gesprächs perfekte „Moderationsschrift" zu schreiben. Üben Sie sie trotzdem. Sie kennen es sicherlich von Papiernotizen: Je schneller und hektischer man schreibt, desto schlechter und unleserlicher wird das Schriftbild. Je besser aber das Schriftbild ist, das man im Idealfall (ohne Hektik) hat, desto lesbarer ist auch die Handschrift in hektischen Situationen. „Perfekte Moderationsschrift" zu üben, verbessert also auch Ihr Schriftbild in der Hektik der Praxis.

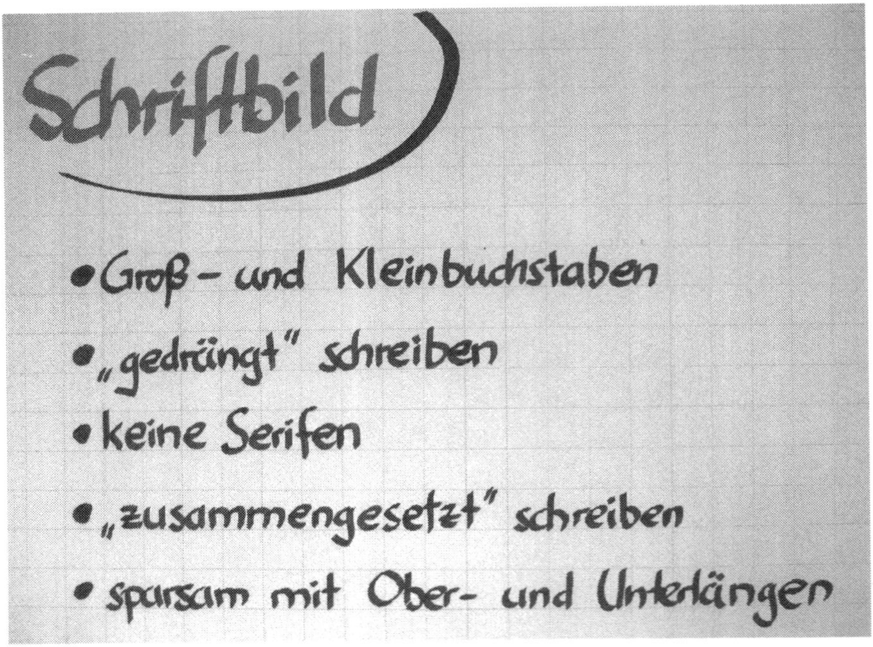

Schriftbild am (karierten) Flipchart; Quelle: Verfasser

5.3.3 Abkürzungen und Akronyme

Moderne IT-Infrastrukturen sind vielfältig – es wird Ihnen nicht gelingen, eine Bildsprache zu entwickeln, die eindeutige, differenzier- und erkennbare Piktogramme für alle Bestandteile einer modernen Infrastruktur enthält. „Vorbilder" wie Microsoft Visio bieten zwar unterschiedliche „Shapes" für DNS- und DHCP-Server und vieles mehr, sie sind allerdings auch vom fachkundigen Betrachter kaum eindeutig als DNS-Server oder DHCP-Server zu identifizieren. Es ist wenig wahrscheinlich, dass dies bei handgezeichneten Piktogrammen besser gelingt. Die Frage „Wie zeichnet man DHCP?" ist eben nicht so einfach zu beantworten. Die praktikabelste (und damit sicherlich legitime – es muss nicht alles gezeichnet werden) Lösung ist es, einen Server zu zeichnen und mit „DNS" oder „DHCP" zu beschriften. Glücklicherweise gibt es in der IT für praktisch alles ein etabliertes Akronym mit wenigen Buchstaben – es gibt also kaum eine Notwendigkeit, Zeichnungen mit Text zu überladen.

Gibt es keine etablierte Abkürzung, kann man sich oft recht einfach behelfen: Die meisten Fachtermini, die ein Objekt bezeichnen, bestehen aus zwei Wörtern. Die Anfangsbuchstaben der beiden Wörter bilden ein manchmal sogar etabliertes, mindestens aber im Kontext verständliches Akronym:

File Server	FS
Directory Service	DS
Thin Client	TC
Firewall	FW

Auch für Nicht-IT-Begriffe wie beispielsweise Ortsangaben gibt es etablierte Akronyme oder Abkürzungen:

- Autokennzeichen – zumindest (derzeit noch) in Deutschland (HH, H, M, ...)[93]
- 3-Letter-Codes im Logistik- und Luftfahrtbereich (HAM, HAJ, MUC, ...)[94]
- ISO-3166-Ländercodes[95] (de, fr, es)[96]

Zudem gibt es fast immer eine große Anzahl offiziel-

93 [Hansestadt] Hamburg, Hannover, München.
94 Hamburg, Hannover, München – mit „HAJ“ Hannover zu assoziieren, ist nicht unbedingt zwingend. 3-Letter-Codes sollte man entsprechend nur in Branchen verwenden, in denen sie etabliert sind.
95 Da diese unter anderem für Top-Level-Domains Verwendung finden, kann man Kenntnisse der häufig verwendeten Kodes sicherlich voraussetzen.
96 Deutschland, Frankreich, Spanien („España“).

ler oder informell verwendeter branchen- oder organisationsspezifischer Akronyme und Abkürzungen, auf die man zurückgreifen kann, um die Visualisierung nicht mit Text zu überladen.

Dem, was in Ihrer Visualisierung aus Platzgründen abgekürzt wird, sollte später im Fotoprotokoll (siehe S. 112) umso mehr Text gewidmet werden. Sie sollten alle Akronyme und Abkürzungen, bei denen Sie sich nicht absolut sicher sind, dass es sich um für alle Leser des Protokolls (und das sind potentiell auch Menschen, die Ihrer Visualisierung nicht beigewohnt haben) verständliche, etablierte Abkürzungen handelt, erklären.

6 Zeichnen

Die Gliederung des Hauptteils dieses Buchs – „Werkzeuge“ (Stifte und das, worauf gezeichnet wird) und „Elemente“ (Farben, Schrift und Piktogramme) – findet nun ihr Finale im „Zeichnen“: Dem Verknüpfen der „Wörter“ unserer Bildsprache zu ganzen „Sätzen“ – Zeichnungen bzw. Visualisierungen.

Stegreifvisualisierungen an Flipchart und Whiteboard unterscheiden sich in einem sehr wichtigen Punkt von klassischen (in diesem Fall technischen) Illustrationen: Dem Visualisierenden steht ein Publikum gegenüber, die Zeichnung entsteht nicht „im stillen Kämmerlein“ vorab, sondern der Zuschauer wohnt dem eigentlichen Entstehungsprozess bei und – und das ist der große Unterschied zu vorbereiteten Präsentationen – wechselwirkt möglicherweise mit dem Prozess. Die Entstehung einer Visualisierung, so wie sie Gegenstand dieses Buchs ist, gleicht mindestens einem Theaterstück, idealerweise eher einem dynamischen Workshop oder einem Improvisationstheater unter aktiver Einbeziehung des Publikums.

6.1 Inhalt

Ein für das Publikum auf Anhieb verständliches[97] Theaterstück lebt unter anderem von sinnvoll eingesetzten Requisiten, rollenkonformen Kostümen sowie einem zu den Inhalten des Stücks zumindest entfernt in Beziehung stehenden Bühnenbild. Wirklich entscheidend ist aber fast immer der Inhalt, der Text des Stückes.

---

97 Viele moderne Inszenierungen sind als Vorbild für diesen Vergleich wenig geeignet. Stellen Sie sich bitte ein konservativ inszeniertes Schultheater vor.

Nicht viel anders ist es bei der Inszenierung einer Visualisierung: Die Zeichnung und vor allem der Prozess des Zeichnens *unterstützen* das Gesagte, können es jedoch keinesfalls ersetzen[98]. Es muss also klar sein, welches die Inhalte der Besprechung oder des Vortrags sind und was es zu vermitteln oder zu diskutieren gilt, bevor eine Idee für eine Visualisierung dessen entstehen kann[99]. Die Visualisierung folgt dem Inhalt – und der wird fast immer primär sprachlich vermittelt. Ist die Visualisierung also nicht spontan – lebt der Vortrag nicht von der „allmählichen Verfertigung der Gedanken beim Reden“[100] –, muss der Vortrag inhaltlich ebenso vorbereitet und strukturiert werden wie ein nicht von einer Visualisierung begleiteter. Wichtig ist, dies zu tun, b e v o r die Visualisierung selbst geplant wird – nur dann ist sichergestellt, dass der Inhalt die Form dominiert und nicht anders herum[101].

6.2 Bühne und Publikum

Die Bühne einer Visualisierung ist fast immer ähnlich strukturiert: Menschen sitzen mehr oder minder erwartungsvoll in einem Besprechungs- oder Vortragsraum; idealerweise ist mindestens ein Flipchart oder Whiteboard vorhanden. Ausgehend von dieser Eröffnung gibt es zwei grundsätzlich unterschiedliche dramaturgische Situationen:

98 Hat man nichts zu sagen, braucht man auch nichts zu visualisieren.

99 Gleiches gilt übrigens natürlich auch für die vorbereitete Präsentation mit PowerPoint – und wird gerade dort vor dem Hintergrund der graphischen Möglichkeiten und Animationen gern vergessen.

100 Kleinst, Heinrich von: a.a.O., S. 3. Vgl. S. 11.

101 Analog dazu empfiehlt es sich ja z.B. auch, einen „klassischen“ PowerPoint-Vortrag auf Papier zu planen, b e v o r die erste Folie am Computer erstellt wird.

- Von Ihnen wird erwartet, dass Sie die Handlung dominieren – überraschend ist allerhöchstens, dass Sie dies nicht mit einer vorbereiteten Präsentation tun. In der Regel ist dies der Fall, wenn Sie als „Vortragender" geladen sind.

- Sie sind lediglich Teilnehmer der Besprechung, Sie haben keinen expliziten Auftrag, Inhalte zu visualisieren. In dieser Situation kostet es manchmal Überwindung, das Flipchart zu „erobern" und den Prozess durch geeignete Visualisierungen zu unterstützen. Die Erfahrung zeigt jedoch: In den meisten Fällen wird man es Ihnen danken – selbst, wenn Sie die Situation zu einer Art „Moderation ohne (expliziten) Auftrag" ausbauen. Problematisch wird die Szenerie jedoch, wenn Ihr Griff nach den Flipchart-Markern als Beginn eines Kampfes um die Dominanz der Besprechung angesehen wird. Ob dies der Fall sein könnte, kann man oftmals bereits im Vorfeld gut einschätzen. In solchen Situationen ist es hilfreich, explizit nur die eigenen Beiträge visuell zu untermalen – und sich danach unmittelbar wieder zu setzen und das Flipchart oder zumindest die vorhandenen Stifte für die Nutzung durch die anderen Teilnehmer deutlich sichtbar „freizugeben". Selbst falls niemand dieser indirekten Aufforderung folgt (was die Regel sein dürfte): Sie wirken nicht mehr, als hätten Sie das Flipchart „erobert"; Ihre Visualisierung ist wieder das, was sie sein sollte: eine *inhaltliche Unterstützung* Ihrer Beiträge, keine Dominanzgeste.

Unabhängig davon, in welcher der beiden Rollen Sie sich befinden, lohnt es sich immer, die Bühne zu prüfen, sobald man den Raum betritt[102]:

- Welche Werkzeuge (Flipchart, Whiteboard, Stifte) sind vorhanden und in welchem Zustand sind sie? Whiteboards müssen potentiell abgewischt werden (nachdem um Erlaubnis gefragt wurde), Flipcharts benötigen Papier und Stifte sind eigentlich immer leer. Letzteres ist ein guter Grund, möglichst immer Stifte mitzuführen.

- Wo befindet sich das Flipchart, wo das künftige „Publikum"? Können alle das Flipchart sehen? Idealerweise steht es gegenüber den Fenstern – lange Zeit gegen das Licht zu schauen, ermüdet die Augen Ihres Publikums.

- Wo ist mein Platz und komme ich von dort einfach zum Flipchart? Gerade, wenn das Flipchart „erobert" werden muss, ist es sehr hilfreich, einen freien Weg dorthin zu haben.

- Wie und wo kann ich stehen, um zu visualisieren, ohne meine Visualisierung mit meinem Körper zu verdecken? Vor allem zum Schreiben muss man relativ gerade vor dem Flipchart stehen (oder gar in die Knie gehen). Begreift man Visualisierung jedoch als Prozess, dem die anderen Teilnehmer folgen sollen (und nicht lediglich als das Erstellen einer dann als fertig zu betrachtenden Zeichnung),

102 Typischerweise wird stattdessen zuerst die Kaffee-, Wasser- und Keksversorgung geprüft. Wasser ist wichtig, wenn man vorhat, viel zu sprechen. Flipchart und Whiteboard sind wichtiger.

benötigen die Teilnehmer während eben dieses Prozesses freie Sicht auf das Flipchart.

- Gibt es (möglichst für alle Teilnehmer sichtbare) Plätze an den Wänden (oder Moderationswände), die als „Parkplatz“ für Visualisierungen dienen können?

Je früher diese Überprüfung der „Bühne“ stattfindet, desto eher können die Verhältnisse noch zu Ihrem Vorteil geändert werden – und das idealerweise unbeobachtet vom künftigen Publikum.

6.3 Dramaturgie

Die Verbindung Ihres Textes (der „Tonspur“) mit Ihrer Visualisierung ergibt die Dramaturgie ihres Theaterstücks. Anders als beim nachträglichen Vertonen eines Films gilt es jedoch nicht, „lippensynchron“ zu sprechen (die Sprache mit dem Bild zu synchronisieren), sondern im Gegenteil den Fortgang der Visualisierung an den Inhalt anzupassen.

Der oft gehörte Hinweis, man solle nicht gleichzeitig schreiben oder zeichnen und sprechen, mag für Hörsäle und Klassenzimmer seine Gültigkeit haben, erscheint für übliche Besprechungen jedoch nicht zwingend: Die akustische Situation ist durch die kleinere (hoffentlich im Vergleich zu einem typischen Klassenzimmer diszipliniertere) Teilnehmeranzahl und den in aller Regel kleineren Raum deutlich günstiger.

Eine typische Sequenz, die sich quasi automatisch ergibt, ist, der Reihe nach zwei oder mehrere Komponenten zu erklären (und parallel zu zeichnen) und anschließend deren Beziehung darzustellen –

sprachlich und parallel zeichnerisch. Aus einer Aneinanderreihung solcher Sequenzen entsteht die Dramaturgie der meisten Visualisierungen. Die Reihenfolge, in der die Einzelsequenzen kombiniert werden, folgt dem Text oder Inhalt, an den sich die Visualisierung anlehnt. Innerhalb des gesamten Vortrags erhält eine solche Sequenz einen ähnlichen Charakter wie eine einzelne Folie bei einem „klassisch" vorbereiteten Vortrag. Neben dem Vorteil der Spontaneität gibt es jedoch einen weiteren großen Unterschied: Es wird praktisch immer weniger Flipchart-Blätter geben, als eine vergleichbare Präsentation Folien gehabt hätte – eine Folie ist schneller erstellt (oder kopiert) als ein Flipchart beschrieben. Die einzelnen Punkte entwickeln sich langsamer und tiefer – im Extremfall passt der komplette Vortrag auf eine große Moderationswand, alle bereits besprochenen Inhalte bleiben sichtbar und können z.B. bei Rückfragen erneut einbezogen werden.

6.4 Alles hat Bedeutung

Zuschauer eines „modernen" Theaterstücks teilen sich typischerweise in zwei Gruppen: Die einen beschließen bereits lange vor der obligatorischen Pause, das Stück sei ihnen zu abstrakt und sie verstünden es nicht; die anderen sind hoch interessiert und machen sich begeistert daran, jedes Detail der Inszenierung einer umfangreichen Interpretation zu unterziehen – einschließlich des zufälligen Stolperns des einen Schauspielers im dritten Akt. Auch hier gilt: „Es ist unvermeidlich, dass auch unabsichtliches Verhalten als Zeichen genommen und interpretiert wird."[103] (vgl. S. 50).

103 Vgl. Linke et al.: a.a.O., S. 29.

Ein Theaterregisseur mag die wilden Interpretationen seiner Arbeit durch das Publikum durchaus aktiv provozieren und vom überraschenden Ergebnis womöglich fasziniert sein. Visualisierungen, wie sie Gegenstand dieses Buchs sind, sind jedoch keine kontroversen Kunstwerke – Sie sollten die Deutungshoheit über Ihre Visualisierung so weit wie möglich behalten: Seien Sie sich darüber bewusst, dass alles – jedes Piktogramm, jede Farbwahl, jeder Pfeil und natürlich Ihre „Inszenierung" selbst sowie die „Tonspur" – mit Bedeutung belegt wird. Zeichnen Sie nichts, was keine Bedeutung hat, Ihre Zuschauer würden es trotzdem deuten – in aller Regel nicht so, wie Sie es möchten. Wechseln Sie z.B. ohne Grund die Farbe, werden Ihre Zuschauer einen Grund dafür suchen – und notfalls „an den Haaren herbeiziehen". Eigentlich Gleiches wird auf einmal zu Unterschiedlichem, nur, weil Sie es in unterschiedlichen Farben gezeichnet haben – z.B., weil der Stift leer war. Auf der „Tonspur" oder gar im Text des Fotoprotokolls ist diese Fehlinterpretation kaum zu kompensieren.

Vermeiden Sie Fehl- und Überinterpretationen: Was und wie Sie zeichnen, sollte auch wirklich etwas (idealerweise klar Erkennbares) bedeuten.

6.5 Muster

Auch Improvisationstheater entsteht nicht gänzlich frei und *ex nihilo* – mindestens unbewusst arbeiten die Beteiligten mit einem Repertoire von „Mustern" („Patterns"); auch improvisierende Jazz-Musiker kombinieren vorhandene Standards. Nicht anders ist es bei Stegreifvisualisierungen: Mit der Zeit bildet sich ein individuelles Repertoire an typischen Standards heraus, auf die aufbauend man situationsangepasste Visualisierungen erstellt. Dieses Repertoire entsteht einerseits aufgrund eigener Erfahrungen und andererseits durch Sammeln von Visualisierungsideen – kurz: durch das aufmerksame Betrachten der Visualisierungen anderer. Es lohnt sich also, aufmerksam zu sein und zu „sammeln“: Was hat funktioniert, was nicht? Wie visualisieren andere?

Neben der Tatsache, dass man so eine bereits erprobte Grundlage für schnelle Improvisation schafft, haben Standards einen weiteren unschlagbaren Vorteil: Sie haben einen hohen Wiedererkennungswert. Einerseits ermöglicht dies Ihrem Publikum, sich wiederholende Sachverhalte wiederzuerkennen[104], andererseits bildet sich auch I h r e individuelle „Marke“ heraus, an der S i e wiedererkannt werden.

104 Die komplette Visualisierung oder Teile davon werden so zu einem idiolektischen graphischen „Markenzeichen“ (und durch Weitergabe möglicherweise memisch); die einheitliche Verwendung von Piktogrammen findet sich auf höherer Ebene als einheitliche Visualisierung für ganze Sachverhalte wieder und wird ebenso wiedererkannt.

6.6 Blattaufteilung

Eine Zeichnung beginnt an einem Ort des Blattes und breitet sich dann weiter über das Blatt aus. Da das Blatt in seinen Ausmaßen begrenzt ist, muss man sich bereits frühzeitig Gedanken über die Blattaufteilung und das Fortschreiten meiner Zeichnung innerhalb des Blattes machen, damit das „visuelle Denken" nicht unnötig durch die Grenzen meines Blattes limitiert wird. Die zwei Dimensionen einer Visualisierung geben hier drei naheliegende Möglichkeiten:

- Horizontal: Eine Sequenz von Dingen (z.B. der Weg der Daten durch die Infrastruktur oder der Weg des Benutzerzugriffs auf ein System) lässt sich ideal horizontal und in der Regel von links nach rechts ausdrücken. Lese- und visuelle „Erzählrichtung" sind so identisch, der Zuschauer ist es gewohnt, dass „Geschichten" von links nach rechts erzählt werden[105]. Die Sequenz beginnt in diesem Fall mit den Menschen[106] und den Endgeräten dieser Menschen, um dann in Leserichtung fortgeführt zu werden:

105 Für ein überwiegend asiatisches (Leserichtung von oben nach unten und von rechts nach links) oder orientalisches (Leserichtung von rechts nach links) Auditorium gilt dieser Hinweis natürlich nicht. So kultur- und sprachübergreifend Piktogramme sein können, so sprach- und kulturspezifisch können Farben und Leserichtung sein.

106 Die „Geschichte" mit den beteiligten Menschen zu beginnen, ist keineswegs ein rhetorischer „Trick", sondern *faktisch:* Kommunikation – egal mit welcher Technik – findet letztlich zwischen Menschen statt.

- Vertikal: Diese Darstellungsform ist in der IT beliebt – sind Schichtenmodelle doch eine typische abstrakte Darstellungsform in der Informatik. Zudem kommt die Darstellung den hochformatigen Flipcharts sehr entgegen. Die Frage, ob ich oben oder unten beginne, hängt von der Art und Weise ab, in der ich meine Geschichte erzähle: „Top-Down“ oder „Bottom-Up“.

Im Falle des untenstehenden beispielhaften Architekturvergleichs dürfte es zudem sinnvoll sein, (entsprechend der Leserichtung) zuerst den linken und dann den rechten Teil der Geschichte zu erzählen – die beiden Seiten sind unabhängig voneinander (z.B. beginnend mit der „Hardware“-Schicht) erzählbar. Erst anschließend würde sich das Gespräch dem eigentlichen Vergleich zuwenden.

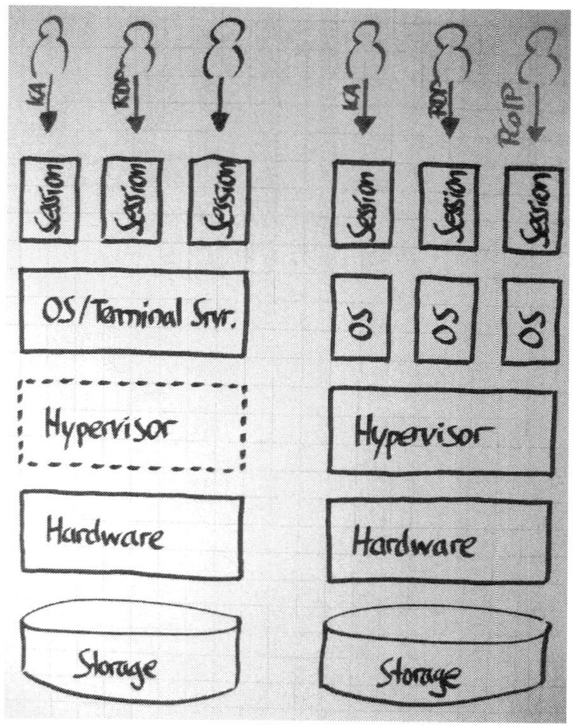

Vertikal visualisierte Schichten; hier: virtuelle Desktops vs.Terminal Services; Quelle: Verfasser

- Zentral oder ungeordnet: Zeichnet man komplette Infrastrukturen oder größere Teile davon, die keiner „Sequenz“ folgen, beginnt man sinnvollerweise mit einem zentralen Element und ordnet die weiteren Komponenten um dieses Element herum an. In diesem Fall ist es am schwierigsten, sicherzustellen, dass man nicht unverhofft auf den Rand der Zeichenfläche stößt – gerade, wenn man die Zeichnung im Rahmen eines interaktiven Prozesses gemeinsam entwickelt und sich dementsprechend im Vorfeld keine Gedanken über die Blattaufteilung machen konnte, ist dies nicht unwahrscheinlich. Passt die Zeichnung irgendwann gar nicht mehr, sollte man von vorn beginnen: Das Vorhandene mit etwas anderer Blattaufteilung noch einmal zu zeichnen, geht oft erstaunlich schnell – und der weitere Verlauf der Visualisierung wird in einem so großen Maße unproblematischer, dass sich die investierte Zeit in aller Regel als gerechtfertigt erweist.

In unten stehendem Fall begänne die Visualisierung vermutlich mit den relativ zentral dargestellten, geclusterten Systemen und würde sich nach unten zu den Daten und nach oben zu den Anwendern ausbreiten.

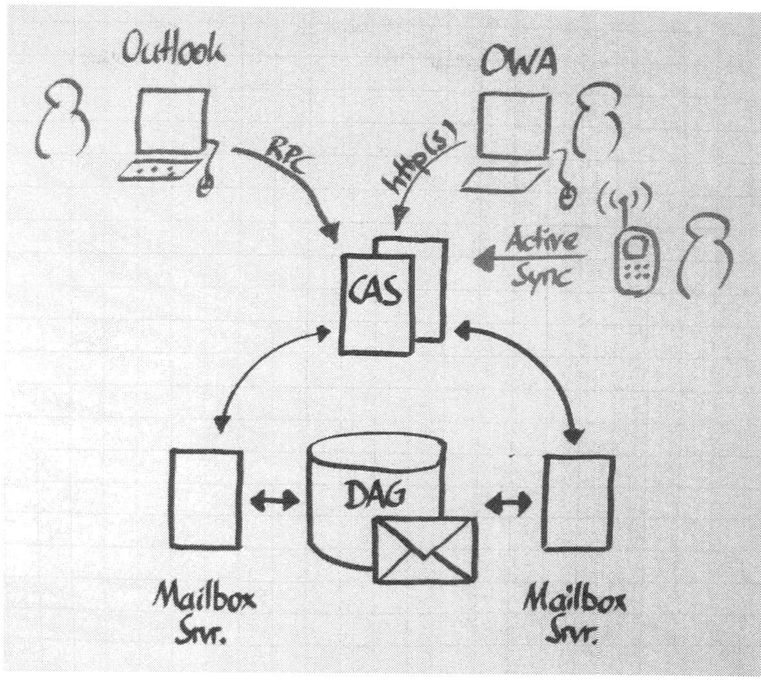

Visualisierung, ausgehend von einem zentralen Element; hier: Microsoft Exchange-Infrastruktur; Quelle: Verfasser

Weist die Infrastruktur deutlich getrennte Bereiche auf (z.B. eine DMZ), sollte man diese Grenzen frühzeitig klar festlegen und durch Linien andeuten. Wichtig ist dabei, vorher eine Vorstellung davon zu haben, wie sehr der jeweilige Bereich der Zeichnung wachsen wird. Je öfter man visualisiert, desto mehr arbeitet man mit fertigen Mustern – und hat entsprechend meist eine gute Vorstellung von dem Platzbedarf eines Bereichs.

In jedem dieser Fälle folgt die Zeichnung – die Form – der Geschichte, die es zu erzählen gilt, dem Inhalt – der Funktion[107].

107 Das heißt im Umkehrschluss: Weiß man nicht genau, *was* man *wie* sagen möchte, wird man auch nicht darauf kommen, wie man es am besten visualisieren kann.

7 Dokumentieren

So, wie in einer idealen Welt keine Besprechung ohne vorab zugesandte Agenda stattfinden sollte, sollte auch keine Besprechung undokumentiert bleiben. Letzteres erscheint sogar deutlich wichtiger: Geraten die Ergebnisse der Besprechung in der Hektik des Alltags nach kürzester Zeit undokumentiert weitgehend in Vergessenheit, war die Zeit aller Teilnehmer in höchstem Maße schlecht angelegt. Die Investition in Zeit und womöglich Beraterhonorar droht, verloren zu gehen.

7.1 Fotografieren

Eine Visualisierung zu fotografieren, ist sicherlich die einfachste und effektivste Möglichkeit, sie für die „Ewigkeit" (oder zumindest für die Weiterverarbeitung) festzuhalten. Praktisch jedes Mobiltelefon verfügt heute über eine für diesen Zweck ausreichende Kamera. Lediglich bei der Dokumentation sehr komplexer Visualisierungen auf großen Moderationswänden oder ähnlichem erscheint die Verwendung einer „echten" Kamera notwendig.

Beachtet man einige wenige Hinweise, sinkt der Aufwand für eine eventuell notwendige Nachbearbeitung der Fotos drastisch:

- Achten Sie auf gute und vor allem gleichmäßige Ausleuchtung. Machen Sie nötigenfalls das Licht an (oder aus) oder ziehen Sie Vorhänge auf (oder zu). Vergessen Sie nicht: Ein Flipchart ist beweglich – steht es in schlechten Lichtverhältnissen, können Sie es woanders hin bewegen, bevor Sie Ihre Visualisierung dokumentieren. Wichtig ist, dass die gesamte

Fläche Ihrer Visualisierung gleichmäßig ausgeleuchtet ist und keine störenden Reflexe z.B. von Fenstern im Bild sind – dies ist gerade beim Fotografieren von Whiteboard-Zeichnungen ein echtes Problem.

- Blitzen Sie die Zeichnung nicht an. Verwenden Sie am besten gar keinen Blitz – gerade am Whiteboard können Sie sicher sein, dass der Blitz eine massive Reflexion verursacht, die das Bild bestenfalls entstellt. Schlechtestenfalls „überstrahlt" die Reflektion des Blitzes den mittleren Bereich Ihrer Visualisierung vollständig.

Reflexe eines Blitzes auf einem Whiteboard; Quelle: Verfasser

Viele Mobiltelefone haben inzwischen einen eingebauten Blitz – schalten Sie ihn ab. Sollten

Sie eine „echte“ Kamera mit einem „echten“ externen (TTL-)Blitz nutzen, kennen Sie sich vermutlich damit aus und können diesen gegen die Decke richten und indirekt blitzen.

- Vermeiden Sie Verzerrungen, indem Sie von einer Position senkrecht über der Mitte der Zeichnungsfläche fotografieren. Bei großen Moderationswänden müssen Sie dafür möglicherweise in die Knie gehen, bei schräg stehenden Flipcharts die Kamera ebenfalls leicht schräg halten.

Stark verzerrte Aufnahme einer Zeichnung; Quelle: Verfasser

Whiteboard-Zeichnungen sind „vergänglich“, machen Sie mehrere Zeichnungen hintereinander, sollten Sie jeweils unmittelbar vor dem Abwischen des Whiteboards ein Foto machen.

Digitalkameras bieten die Möglichkeit, das Foto sofort zu betrachten. Nutzen Sie diese Möglichkeit, um sicherzustellen, dass die Zeichnung wirklich komplett dokumentiert und das Foto auch scharf ist – *bevor* Sie das Whiteboard abwischen.

Weniger den Visualisierungsprozess störend gestaltet sich die Fotodokumentation am Flipchart: Hier können Sie am Ende des Prozesses zurückblättern und die einzelnen Blätter fotografieren – und nötigenfalls das Flipchart zuvor an einen Ort mit guten Lichtverhältnissen rollen. Falls dies zeitlich nicht möglich ist, können Sie sogar die einzelnen Blätter abreißen und mitnehmen, um die Fotodokumentation später in Ruhe vorzunehmen.

Sucht man in den App-Sammlungen der verschiedenen Smartphone-Hersteller nach dem Begriff „Whiteboard", finden sich dort unzählige Anwendungen (Apps), die dazu dienen, Whiteboard-Fotos zu machen, aufzubereiten, mehr oder minder strukturiert zu verwalten und zu versenden. Über die Eignung der jeweiligen Anwendung möge ein jeder selbst entscheiden – nach Erfahrung des Verfassers ist der Mehrwert spezialisierter Anwendungen gegenüber der „normalen" Kamera-Funktionalität des Mobiltelefons erstaunlich gering. Zudem sind die Bildaufbereitungs-Algorithmen meist nur für Whiteboard-Fotos geeignet, kariertes Flipchart-Papier „verwirrt" die Algorithmen vieler Anwendungen.

Am flexibelsten und effektivsten erscheint es, Fotos mit dem Mobiltelefon zu erstellen, sich diese z.B. per E-Mail zu senden und dann am Arbeitsplatz in

Ruhe zu bearbeiten und mit einer marktüblichen Textverarbeitung zu einem Fotoprotokoll zu aggregieren.

7.2 Bildaufbereitung

Im Idealfall haben Sie bereits so schön gleichmäßig ausgeleuchtete Fotos gemacht, dass nur wenig Nachbearbeitung nötigt ist und die Fotos lediglich noch zugeschnitten werden müssen. Dieser Idealfall ist leider nicht häufig – gute Lichtverhältnisse sind selten und die Zeit zum Fotografieren ist oftmals knapp. Im Interesse eines lesbaren und professionell anmutenden Fotoprotokolls gilt es, die so entstandenen Defizite zu kompensieren. Hierfür sind eine Reihe von Bildbearbeitungswerkzeugen denkbar[108]:

- Zuschneiden: Auf jeden Fall sollte jedes Bild auf die Ausmaße des eigentlichen Inhalts (der Zeichnung) zugeschnitten werden[109]. Dinge, die nicht zur Zeichnung gehören (z.B. am Whiteboard angepinnte Zettel), sollten ausgeschnitten werden.

- Weißabgleich: Praktisch jede Bildbearbeitungssoftware dürfte einen automatischen[110] oder manuellen[111] Weißabgleich ermöglichen.

---

108 Die folgende Liste ist in keiner Weise erschöpfend, dem engagierten Fotoamateur stehen sicherlich noch viele andere Möglichkeiten zur Verfügung. Die Beispiele in den Fußnoten beziehen sich auf die freie Software GIMP mit deutschsprachigem Benutzer-Interface (http://www.gimp.org).

109 GIMP: Werkzeuge → Auswahlwerkzeuge → Rechteckige Auswahl, anschließend Bild → Auf Auswahl zuschneiden.

110 GIMP: → Farben → Automatisch → Weißabgleich.

111 GIMP: → Farben → Werte ...; mit der rechten Pipette im Bild einen „Weiß-Punkt wählen".

In letzterem Fall gibt der Anwender der Software einen Punkt des Bildes vor, der als weiß gilt, und das Bild wird dann von der Software entsprechend angepasst – für Fotos von Whiteboard und Flipchart funktioniert dies oft sehr gut, da ja durchaus ein wenig weiße Fläche als Referenz zur Verfügung steht. Ein Weißabgleich ist sehr oft notwendig, wenn unter schlechten Lichtverhältnissen (Kunstlicht) fotografiert wurde und der integrierte automatische Weißabgleich der (Mobiltelefon-)Kamera dies nicht optimal kompensiert hat.

- Helligkeit und Kontrast[112]: Helligkeit und Kontrast anzupassen, ist oft der einfachste Weg zu gut druckbaren Bildern. Zuvor einen Weißabgleich durchzuführen ist empfehlenswert, da oftmals nicht die Helligkeit, sondern der Farbton des Bildes das eigentliche Problem ist. Nach einem Weißabgleich ist es oft sogar nötig, die Helligkeit des Bildes zu reduzieren – der sehr weiße und sehr reflektierende Hintergrund eines Whiteboards führt bei Verwendung einschlägiger Bildbearbeitungssoftware für den Weißabgleich oft zu einer deutlichen Aufhellung. Wichtig ist es, auf eine gewisse Einheitlichkeit bei der Helligkeit der verschiedenen Bilder im Fotoprotokoll zu achten.

7.3 Fotoprotokolle

Ursprünglich entstanden ist eine Visualisierung in einem oft interaktiven, praktisch immer von mündlichen Erläuterungen begleiteten Prozess. Ein unsortierter Haufen Fotos wird dem nur begrenzt gerecht:

112 GIMP: Farben → Helligkeit/Kontrast ...

Es fehlt die „Tonspur", es fehlt die sequentielle Ordnung des Prozesses – kurz: Es fehlt der Kontext, der zum vollen Verständnis der visuellen Informationen notwendig oder zumindest hilfreich wäre. Einer Nachrichtensendung im Fernsehen ohne Ton wirklich zu folgen, ist nur begrenzt möglich – im Falle eines Fußballspiels hingegen steht ausreichend Kontext (klare Regeln, Trikot-Farben, die die Teams kennzeichnen uvm.) zur Verfügung, um auf den Ton verzichten zu können. Versucht ein mit Fußball sozialisierter Mensch aber, einem Rugby-Spiel im Fernsehen zu folgen, ist auch bei eingeschaltetem Ton mangels Vorkenntnissen kaum ein tieferes Verständnis des Spielverlaufs möglich.

Das Verständnis rein visueller Informationen hängt also stark vom Kontext und den vorhandenen Vorkenntnissen des Rezipienten ab. Ein gutes Fotoprotokoll sollte vor dem Hintergrund des Adressatenkreises über die Dokumentation der Visualisierung hinaus ausreichend Informationen liefern, um vom Adressaten sicher verstanden zu werden. Wie viele und welche Informationen dazu notwendig sind, hängt stark vom Leserkreis des Protokolls ab:

- Waren die Empfänger des Protokolls auch bei der Entstehung der Visualisierung dabei, gibt es Grund zu der Annahme, dass sie zugehört haben und deswegen über ein gewisses Maß an Kontextinformationen verfügen. Der die Fotos kommentierende Text hat vor allem die Aufgabe, an diesen Kontext zu erinnern sowie eventuell einige Details zu ergänzen, und kann entsprechend sparsam ausfallen.

- Wird das Protokoll auch an Menschen geschickt, die bisher nicht involviert waren, muss ein Großteil dessen, was „auf der Tonspur" im Verlauf der Visualisierung kommuniziert worden ist, in das Protokoll einfließen.

- Haben die Empfänger des Protokolls keine oder wenig Vorkenntnisse der behandelten Materie, sollte das Protokoll ebenfalls umfangreicher ausfallen. Oft ist es sinnvoll, zusätzlich auf externe Quellen mit (Grundlagen-)Informationen zu verweisen.

Umfang und über die eigentlichen Fotos hinausgehend zusätzlich notwendiger Inhalt des Protokolls orientieren sich also am Leserkreis – und ein lediglich aus Fotos bestehendes Protokoll ohne jeden Text dürfte praktisch niemandem gerecht werden. Dementsprechend sollte jedes Foto kommentiert werden.

Daneben erscheinen noch eine Reihe weiterer Empfehlungen sinnvoll:

- Alle Fotos sollten zugeschnitten und bei Bedarf bearbeitet sein.

- Jedes Foto sollte eine Überschrift haben – damit ist es „benannt" und im Gespräch „ansprechbar". Im einfachsten Fall wird jedes Foto ein „Kapitel" in der Textverarbeitung, die Kapitelüberschrift „überschreibt" das Foto und unterhalb des Fotos befindet sich der Kommentar.

- Jedes Foto sollte – wie bereits erwähnt – kommentiert sein.

- Unleserliches oder schlecht Lesbares[113] sollte im Kommentar wiederholt werden – so man selbst sich denn noch erinnern kann.
- Abkürzungen (vgl. S. 90), die man vor dem Hintergrund des Leserkreises des Protokolls nicht als ganz sicher bekannt voraussetzen kann, sollten auf jeden Fall erläutert werden.
- Haben Farben eine definierte Bedeutung (vgl. S. 76), sollte diese Erwähnung finden.
- Werden Produkte oder Technologien erwähnt, zu denen vertiefende Informationen hilfreich erscheinen, sollte auf diese hingewiesen werden – im Idealfall sind vertiefende Informationen im Internet vorhanden, auf die über einen dann durch den Leser direkt aufrufbaren URL verwiesen werden kann.

Zur Erstellung von Fotoprotokollen kann grundsätzlich jede Textverarbeitung verwendet werden. Versendet werden sollten Fotoprotokolle in einem verbreiteten, nicht veränderbaren und formattreuen Format – derzeit also in der Regel als PDF. Hierbei sollte auf eine geeignete Auflösung der enthaltenen Fotos geachtet werden – viele PDF-Exportfilter und PDF-Druckertreiber reduzieren die Auflösung von eingebetteten Bildern bei unveränderten Standardeinstellungen zu stark, um dem Empfänger später einen Ausdruck in angemessener Qualität zu ermöglichen. Im Zweifelsfall empfiehlt es sich, vor Versenden des Dokuments einen Testausdruck zu machen.

113 Dieser Fall sollte bei Beachtung der Hinweise zum Fotografieren (vgl. S. 107) und zur Schrift (vgl. S. 82) eigentlich nicht eintreten.

Auf dem Markt existieren unterschiedliche spezialisierte Software-Lösungen zur Erstellung von Fotoprotokollen[114]. Den meisten Lösungen gemein ist die wenig ausgeprägte Unterstützung für erläuternden Text, der in Fotoprotokollen zu nicht-technischen Themen wie z.B. in der Organisationsentwicklung auch meist weniger umfangreich und weniger verbreitet ist. Fotoprotokolle zu eher technischen Themen bedürfen oft umfangreicherer Erläuterungen, die Verwendung einer Textverarbeitung erscheint deswegen am sinnvollsten und das Beschaffen und Erlernen eines weiteren spezialisierten Werkzeugs wenig angemessen.

114 Siehe z.B. <http://www.photominutes.com>.

8 Ausblick

Ein Ausblick in die Zukunft basiert in gewisser Weise immer auf einem Rückblick auf das Gewesene – in diesem Fall: Das Gelesene. Es würde mich freuen, wenn die im Vorwort formulierten Hoffnungen sich erfüllt hätten – wenn Sie Spaß am Lesen gehabt hätten und dieses Buch eine *Wirkung* entfaltet hätte.

Eben dieser Wirkung wegen wird dieser Ausblick auch zu einem *Appell:* Erobern Sie Ihr Whiteboard zurück (vgl. S. 17), erobern Sie die Wände und Fenster (vgl. S. 28) für Ihre spontanen Visualisierungen, übernehmen Sie die visuell unterstützte Moderation – wenn es sein muss, auch ohne Auftrag (vgl. S. 94). Improvisieren Sie und entwickeln Sie Ihre Technik weiter; betrachten Sie Schreibwarenläden als eine Inspiration. Nehmen Sie sich ein Beispiel an James Pillans (vgl. S. 15), dem Erfinder der farbigen Kreide und damit einem der Väter der Visualisierung: Seien Sie erfinderisch!

A Danksagung

Ein außerordentlicher Dank gilt ohne Zweifel der Deutschen Bahn AG. Sie versteht es, durch geradezu virtuoses Verspätungsmanagement genau die unerwarteten und manchmal bemerkenswert großen Freiräume in meinem ansonsten sehr schnellen Leben zu erzwingen, ohne die dieses Buch niemals möglich gewesen wäre.

Bei weitem weniger fehlerfrei – sowohl in Form als auch Inhalt – wäre dieses Buch ohne meine Frau Tatjana, die etliche Versionen dieses Buchs gelesen und kommentiert und in unzähligen nächtlichen Diskussionen gerade zu den linguistischen und semiotischen Fragen wertvolle Beiträge geleistet hat. Vielen Dank dafür – und dafür, dass Du meinen Enthusiasmus ertragen hast! Anja Klahn danke ich für viele wertvolle Anregungen; Inga Haschemi danke ich für genau die richtige Menge Kommata. Keiner der im Text verbliebenen Fehler ist ihr zuzurechnen.

Nicht unerwähnt bleiben soll die Firma Legamaster GmbH (http://www.legamaster.de), der ich für die freundliche Erlaubnis zur Nutzung ihres Bildarchivs danke. Vielen Dank zudem der Firma Neuland GmbH & Co. KG (http://www.neuland.com) für die Erlaubnis, ihre Moderationsschrift verwenden zu dürfen. Beiden Unternehmen danke ich zudem für ihre Produkte, mit denen ich sehr gern arbeite.

B Stichwortverzeichnis

Abkürzung.....90
Access Point.....70
Active-Active-Cluster.....58
Active-Passive-Cluster.....58
Akronym.....90
Akronyme.....87
Arbeitsplatz-PC.....62
Ausleuchtung.....107
Bauch.....88
Besprechungsraum.....96
Bildaufbereitung.....111
Bildsprache.....45
Bildverarbeitung.....111
Bimsstein.....41
Blackboard.....16
Blau.....78
Blitz.....108
Bottom-Up.....103
Bühne.....94
Chalkboard.....16
Cloud.....68
Cluster.....58
Datei.....56
Datei-Server.....57
Daten.....55
Datenbank.....55
Datenbank-Server.....56
Digitales Whiteboard.....21
Dokument.....56
Dramaturgie.....97
Drucker.....64
Dyschromatopsie.....81
E-Mail.....57
E-Mail-Server.....58
Edding.....36
Farbe.....76
Farbpsychologie.....78
Farbsymbolik.....78
Fileserver.....57
Firewall.....65
Flipchart.....26
Flipchart-Marker.....36
Flipchart-Stift.....36
Fotografieren.....107
Fotoprotokoll.....112
Gast-System.....61
Gelb.....80
gestrichelte Linien.....74
Großbuchstaben.....87
Grün.....78
Haftnotizen.....33
Handschrift.....82
Handy.....63
Heinrich von Kleist.....11
Helligkeit.....112
Host-System.....60
hybrid cloud.....69
Ikone (semiotische).....46
ikonisch.....46
Internet.....66
James Pillans.....15
Kalligraphie.....84
Kalligraphie-Stift.....38
Kegelmännchen.....52
Keilspitze.....37, 83
Klebezettel.....33
Kleinbuchstaben.....87
Kleist.....11
Kontrast.....112
Laser-Drucker.....64
Laufweite.....87
Leserichtung.....101
Linie.....73
Logografie.....46
Lösungsentwicklung.....9
Magic-Chart.....29
Magnetpinnwand.....18
Mail.....57
Mail-Server.....58
Majuskel.....87
Malerkrepp.....40
Mensch.....50
Mikrofaser-Tuch.....40
mobile Endgeräte.....63
mobile Flipcharts.....28
Mobiltelefon.....63
Moderation ohne Auftrag.....95
Moderationskarten.....30
Moderationsschrift.....89
Moderationswände.....32
Morphem.....46
Muster.....99

Netzplan.................................34
Netzwerkkomponenten...........69
Notebook................................63
Oberlänge...............................88
Ölkreide.................................39
Orange...................................80
Packpapier.............................32
Pastellkreide..........................39
Pastelltöne.............................80
Pattern...................................99
PC...62
Permanent-Marker..................36
Pfeil......................................73
Piktogramm...........................46
Pillans...................................15
Pinnwandmoderation..............31
Post-It...................................33
Post-it Meeting Charts............29
private cloud..........................68
public cloud...........................68
Publikum...............................94
Repertoire.............................99
Rot..78
Rot-Grün-Sehschwäche...........81
Router...................................70
Rundspitze......................37, 83
SAN.......................................55
Schrift...................................82
Schriftgröße...........................89
Schultafel...............................16
Schultz von Thun......................8
Schwarz.................................78
Schweif..................................88
Serife.....................................87
Server-Farm...........................59
Server-Virtualisierung............60
Shape....................................48
Smartboard............................21
Smartphone...........................63
Speicherplatz..........................55
Stamm...................................88
Sternmännchen......................52
Stifthaltung...........................83
Storage..................................55
Strichmännchen.....................52
Switch...................................70
Symbol (semiotisches)............77
Tablet....................................63
Thin Client............................62
Tintenstrahl-Drucker..............64
Top-Down.............................103
Troubleshooting.....................11
Unterlänge.............................88
Verbindung............................73
Verkaufsgespräch......................9
Versalie.................................87
Visual Facilitation...................80
Violett....................................80
Virtualisierung........................60
Visio-Shape............................48
visual thinking........................10
visuelles Denken.....................10
VPN.......................................66
Wachsmalblöcke.....................39
Wachsmalstifte.......................39
WAN......................................66
Watzlawick.............................50
Weiß......................................79
Weißwandtafel........................17
Weißabgleich........................111
Whiteboard............................17
Whiteboard-Marker.................36
Whiteboard-Stift.....................36
WLAN....................................70
Wolke....................................67
Workstation............................62
Zeichen (semiotisches)............46
Zirkel.....................................39

15168208R00068

Made in the USA
Charleston, SC
20 October 2012